Laser in der Materialbearbeitung
Forschungsberichte des IFSW

L. Bartelt-Berger
Lasersystem aus kohärent gekoppelten
Grundmode-Diodenlasern

Laser in der Materialbearbeitung
Forschungsberichte des IFSW

Herausgegeben von
Prof. Dr.-Ing. habil. Helmut Hügel, Universität Stuttgart
Institut für Strahlwerkzeuge (IFSW)

Das Strahlwerkzeug Laser gewinnt zunehmende Bedeutung für die industrielle Fertigung. Einhergehend mit seiner Akzeptanz und Verbreitung wachsen die Anforderungen bezüglich Effizienz und Qualität an die Geräte selbst wie auch an die Bearbeitungsprozesse. Gleichzeitig werden immer neue Anwendungsfelder erschlossen. In diesem Zusammenhang auftretende wissenschaftliche und technische Problemstellungen können nur in partnerschaftlicher Zusammenarbeit zwischen Industrie und Forschungsinstituten bewältigt werden.

Das 1986 begründete Institut für Strahlwerkzeuge der Universität Stuttgart (IFSW) beschäftigt sich unter verschiedenen Aspekten und in vielfältiger Form mit dem Laser als einer Werkzeugmaschine. Wesentliche Schwerpunkte bilden die Weiterentwicklung von Strahlquellen, optischen Elementen zur Strahlführung und Strahlformung, Komponenten zur Prozeßdurchführung und die Optimierung der Bearbeitungsverfahren. Die Arbeiten umfassen den Bereich von physikalischen Grundlagen über anwendungsorientierte Aufgabenstellungen bis hin zu praxisnaher Auftragsforschung.

Die Buchreihe „Laser in der Materialbearbeitung – Forschungsberichte des IFSW" soll einen in Industrie wie in Forschungsinstituten tätigen Interessentenkreis über abgeschlossene Forschungsarbeiten, Themenschwerpunkte und Dissertationen informieren. Studenten soll die Möglichkeit der Wissensvertiefung gegeben werden. Die Reihe ist auch offen für Arbeiten, die außerhalb des IFSW, jedoch im Rahmen von gemeinsamen Aktivitäten entstanden sind.

Lasersystem aus kohärent gekoppelten Grundmode-Diodenlasern

Von Dr.-Ing. Lars Bartelt-Berger
Universität Stuttgart

 Springer Fachmedien Wiesbaden GmbH 1999

D 93

Als Dissertation genehmigt von der Fakultät für Konstruktions- und Fertigungstechnik der Universität Stuttgart

Hauptberichter: Prof. Dr.-Ing. habil. Helmut Hügel
Mitberichter: Prof. Dr. phil. habil. Hans Tiziani

Die Deutsche Bibliothek – CIP-Einheitsaufnahme

Bartelt-Berger, Lars:
Lasersystem aus kohärent gekoppelten Grundmode-Diodenlasern /
von Lars Bartelt-Berger. – Stuttgart ; Leipzig : Teubner, 1999
    (Laser in der Materialbearbeitung)
    Zugl.: Stuttgart, Univ., Diss.

ISBN 978-3-519-06241-7   ISBN 978-3-663-10605-0 (eBook)
DOI 10.1007/978-3-663-10605-0

© 1999 Springer Fachmedien Wiesbaden
Ursprünglich erschienen bei B.G. Teubner Stuttgart · Leipzig 1999.

Kurzfassung

Die Materialbearbeitung mittels Lasern erfordert Strahlquellen mit hohen Leistungen und guten Strahlqualitäten. Konventionelle Lasersysteme wie Gas- und Festkörperlaser erfüllen diese Anforderung, jedoch nur mit großen Bauformen und geringer Konversionseffizienz von elektrischer Energie in Lichtenergie. Diodenlaser stellen bezüglich dieser Kriterien eine interessante Alternative dar, jedoch ist ihre optische Ausgangsleistung bei beugungsbegrenzter Strahlqualität bisher auf wenige Watt begrenzt. Um höhere Ausgangsleistungen bei Erhaltung der Strahlqualität zu erreichen ist die kohärente Kopplung einzelner Diodenlaser notwendig.

Die Schwerpunkte der vorliegenden Arbeit bestehen in der experimentellen Verifizierung und der Qualifizierung eines Systemkonzeptes zur kohärenten Kopplung von Diodenlasern mit den Einzelaspekten:

- kohärente Kopplung der Diodenlaser über den Prozeß des Injection-Locking,

- Transport der Strahlungsenergie durch polarisationserhaltende Grundmode-Glasfasern,

- Kontrolle und Regelung der Phasen der Einzellaser und

- räumliche Überlagerung der Strahlung durch Aperturfüllung.

Mit der Demonstration eines Sytems bestehend aus 19 Grundmode-Diodenlasern konnte die Funktion und die technische Realisierbarkeit des verfolgten Konzeptes gezeigt werden.

Mit dem Prozeß des Injection-Locking wurde ein mittlerer Kohärenzgrad zwischen den 19 Slave-Lasern und dem Master-Laser von 0,79 erreicht. Im Systemfokus wurde bei der Überlagerung von zwei Slave-Lasern ein maximaler Kohärenzgrad von 0,9 gemessen. Mit einer entwickelten Kohärenzregelung konnte der Kohärenzgrad der 19 Slave-Laser stabilisiert werden.

Bei dem Transport der Strahlungsenergie mittels Grundmode-Glasfasern kommt es durch mechanische Belastungen der Glasfasern zu Fluktuationen der Lichtwellenphase am Faserende. Für eine kohärente Überlagerung ist daher eine aktive Regelung der Lichtwellenphasen notwendig. Mit dem realisierten Phasenregelkreis konnte für einen eingeschränkten Frequenzbereich eine Phasenstabilität bis auf 1,1° nachgewiesen werden.

Die Strahlung aus den einzelnen Glasfasern wurde im Lasersystemkopf mit Hilfe eines Linsenarrays mit hexagonaler Symmetrie überlagert. Die resultierende zweidimensionale Leistungsdichteverteilung im Systemfokus wurde vermessen und mit Modellrechnungen verglichen. Die gemessenen und berechneten Verteilungen zeigen eine gute Übereinstimmung. Die gemessene Leistungsdichtesteigerung der kohärenten gegenüber der inkohärenten Überlagerung der Diodenlaser beträgt 13,2. Theoretisch ist maximal eine 19fache Leistungsdichtesteigerung bei vollkommen kohärenten Einzelemittern möglich.

Inhaltsverzeichnis

Formelzeichen

Für alle physikalischen Größen wird das Internationale System (SI) als Maßsystem verwendet.

a	Kernradius einer Glasfaser
b	Umfang
c	Vakuumlichtgeschwindigkeit
d	Dicke
e	Exponentialfunktion
f	Brennweite
f_F	Brennweite der Fokussierlinse für die Faserkopplung
f_K	Brennweite der Kollimationslinse der Slave-Laser
f_{LA}	Brennweite der Linsen im Linsenarray
f_{LF}	Brennweite der fokussierenden Linse im Lasersystemkopf
E	elektrische Feldstärke
i	imaginäre Einheit
I	Leistungsdichte, elektrischer Strom
I_B	Betriebsstrom
I_M	Leistung des Master-Lasers
δI_M	in einen Slave-Laser eingekoppelte Master-Leistung
I_S	Leistung eines Slave-Lasers
K	Kontrast
k	Wellenzahl
l_c	Kohärenzlänge
L	geometrische Länge
ΔL	geometrische Längendifferenz
m_{op}	Vergrößerung durch eine optische Anordnung
M^2	Beugungsmaßzahl
n	Brechungsindex
n_0	Brechungsindex eines Umgebungsmediums
n_K	Brechungsindex des Kerns einer Glasfaser
n_e	außerordentlicher Brechungsindex
n_M	Brechungsindex des Mantels einer Glasfaser
N	Anzahl
NA	Numerische Apertur
p	spektrale Leistungsdichte
P	Leistung
r	Radius
r_{33}	elektrooptischer Koeffizient
r_e	Verlustrate
R	Reflektivität
Re	Realteil einer komplexen Zahl

12

s_f	Skalenfaktor
t	Zeit
t_R	Umlaufzeit in einem Resonator
T	Temperatur
T_G	Gehäusetemperatur
ΔT	Temperaturdifferenz
ΔT_{Block}	Temperaturänderung des Diodenlaser-Halteblocks
ΔT_U	Temperaturänderung der Umgebung
u	kartesische Koordinate
U	elektrische Spannung
v	kartesische Koordinate
v_y	Verhältnis von Modendurchmessern
w	Modenfelddurchmesser einer Grundmode-Glasfaser
w'	Modendurchmesser nach einer Vergrößerung
x	kartesische Koordinate
Δx	Wegdifferenz in x-Richtung
z	kartesische Koodinate
α	Winkel
β	Gradient
γ	Kohärenzgrad
γ_{11}	Selbstkohärenzgrad
γ_{12}	Kreuzkohärenzgrad
ε_0	Influenzkonstante
η	kartesische Koordinate
η_{kopp}	Koppeleffizienz
Γ_{11}	Selbstkohärenzfunktion
Γ_{12}	Kreuzkohärenzfunktion
$\Gamma_{1..N}$	Korrelationsfunktion N-ter Ordnung
θ	Strahlwinkel
λ	Lichtwellenlänge
λ_g	Cut-Off-Wellenlänge einer Grundmode-Glasfaser
$\Delta\lambda$	Wellenlängendifferenz
$\Delta\lambda_{Mode}$	longitudinaler Modenabstand
τ	Zeitdifferenz
τ_c	Kohärenzzeit
ν	Frequenz
ν_M	Frequenz des Master-Lasers
ν_S	Frequenz des Slave-Lasers
$\delta\nu$	Frequenzdifferenz
$\Delta\nu_L$	Locking-Range
$\Delta\nu_{Mode}$	longitudinaler Modenabstand

ξ	kartesiche Koordinate
σ	Standardabweichung
ϕ	Phasengradient
Φ	Phase
$\Delta\Phi$	Phasendifferenz
ω	Kreisfrequenz

Indizes

DL	Diodenlaser
ex	experimentell
F	Faser
ges	gesamt
i	Istwert
i,j	ganzzahlige Indizes
$inkoh$	inkohärent
koh	kohärent
LA	Linsenarray
LF	Fokussierlinse
m	Mittelwert
mo	Modulation
M	Master
max	Maximalwert
min	Minimalwert
$Mode$	bezüglich einer Resonatormode
N	Ordnung
PZ	Piezomodulator
ref	bezüglich einer Referenz
reg	Regelausgangswert
rel	Relativwert
s	Sollwert
sig	Signal
sp	Spitzenwert
sys	System
S	Slave
th	theoretisch
T	bezüglich der Temperatur
x,y	bezüglich einer kartesichen Koordinate
ξ,η	bezüglich einer kartesichen Koordinate

1 Einleitung

Seit der ersten Realisierung eines Lasers hat sich für diese sehr spezielle Lichtquelle eine Fülle von Anwendungsbereichen ergeben. Ein sehr umfangreicher und vielschichtiger Bereich ist dabei die Materialbearbeitung. Unter Materialbearbeitung kann sowohl der medizinische Einsatz bei Augen- oder Herzoperationen als auch der industrielle Einsatz zum Schneiden, Schweißen oder Härten von unterschiedlichen Materialien verstanden werden. Die verbindende Gemeinsamkeit dieser Anwendungen ist die Materialmodifikation durch räumlich hochkonzentrierte Energie in der Form von Strahlung. Diese Möglichkeit zur Energiekonzentration unterscheidet den Laser von konventionellen Werkzeugen.

Die grundlegenden Charakteristika der Laserstrahlung sind die Wellenlänge, die räumliche und die zeitliche Kohärenz. Die Wellenlänge bestimmt in einem entscheidenden Maß die Wechselwirkung mit einem Material durch die wellenlängenspezifische Absorption. Aus der räumlichen Kohärenz ergibt sich die Fokussierbarkeit, die mit dem Begriff der Strahlqualität charakterisiert wird. Die zeitliche Kohärenz entspricht der Monochromie der Laserstrahlung und ist für die Effizienz bei lichtchemischen Materialwechselwirkungen entscheidend.

Für die Anwendung des Lasers in der industriellen Fertigungstechnik ist die Strahlqualität von entscheidender Bedeutung [Hüg 92], da sich daraus zusammen mit der Strahlleistung die erzielbare Leistungsdichte bei der Fokussierung ergibt. Für solche Anwendungen werden gegenwärtig Gas- und Festkörperlaser mit Ausgangsleistungen bis zu einigen Kilowatt eingesetzt. Nachteile dieser Lasertypen sind geringe Wirkungsgrade bei der Umwandlung von elektrischer Energie in Strahlungsenergie und große Bauformen.

Eine Alternative zu diesen Lasertypen ist der Diodenlaser, der eine Verbindung aus Halbleitertechnologie und Laserdesign darstellt. In ihm wird die elektrische Energie direkt in Strahlungsenergie umgesetzt. Durch die geringere Anzahl von Verlustquellen ergibt sich ein höherer Wirkungsgrad, der zusätzlich zu einer sehr kompakten Bauweise führt [Loo 95]. Diese Charakteristika zusammen mit den prinzipell kostengünstigen Herstellungsverfahren der Halbleitertechnologie machen den Diodenlaser zu einem nahezu idealen Baustein für Systeme der industriellen Materialbearbeitung.

Ein Nachteil in bezug auf Lasersysteme mit hoher Ausgangsleistung ist jedoch, daß die Ausgangsleistung von Diodenlasern mit hoher Strahlqualität durch physikalische und technische Grenzen derzeit auf einige Watt begrenzt ist [Obr 97]. Um zu einem System mit hoher Strahlleistung und Leistungsdichte zu kommen, muß deshalb die Strahlungsleistung mehrerer Diodenlaser addiert werden. Bei der Addition sollte die System-Strahlqualität jedoch nicht mit der Anzahl der Emitter abnehmen, d.h. die Skalierbarkeit bezüglich der Leistung muß gegeben sein. Dies ist prinzipiell nur mit kohärent gekoppelten Lasern möglich [Lur 93]. Für die kohärente Kopplung ist die räumliche und zeitliche Kohärenz

der Einzelemitter notwendige Voraussetzung. Die räumliche Kohärenz läßt sich durch
den Einsatz von Grundmode-Diodenlasern erreichen, die zeitliche Kohärenz durch eine
entsprechende Kopplung der Einzellaser.

Das große Interesse an Diodenlaser-Systemen mit hoher Ausgangsleistung hat zu der
Entwicklung von verschiedenen kohärenten Koppelkonzepten geführt. Die bisher realisierten Konzepte sind dabei auf die Kopplung von wenigen Einzellasern mit hoher
Kohärenz oder die Kopplung von vielen, monolithisch aufgebauten Diodenlasern mit geringer Kohärenz beschränkt (vgl. Kap. 2.3). Bei der monolithischen Realisierung ergeben
sich Beschränkungen bezüglich der Leistungsskalierbarkeit, da die Abführung der anfal-
lenden Verlustwärme begrenzt ist.

1.1   Zielsetzung

Mit der vorliegenden Arbeit wird die Realisierung eines Systems zur kohärenten Kopplung
von Grundmode-Diodenlasern dokumentiert. Dieses System erfüllt die Anforderung an
die Skalierbarkeit in der Leistung und ermöglicht durch die Verwendung von Grundmode-
Glasfasern einen flexiblen Einsatz. Die wichtigsten Einzelaspekte des Konzeptes sind:

- die kohärente Kopplung der Diodenlaser über den Prozeß des Injection-Locking,

- der Strahlungstransport über polarisationserhaltende Grundmode-Glasfasern,

- die Kontrolle und Regelung der Phasen der Einzellaser und

- die räumliche Überlagerung der Strahlung durch Aperturfüllung.

Das realisierte System wurde mit Diodenlasern mit einer Wellenlänge von 675 nm und
einer optischen Ausgangsleistung von 20 bis 30 mW aufgebaut. Dieser Diodenlasertyp
wurden aufgrund seiner kommerziellen Verfügbarkeit und seiner sichtbaren Emission für
eine anschauliche Demonstration verwendet. Das Systemkonzept ist jedoch so struk-
turiert, daß die Übertragbarkeit auf Diodenlaser mit anderer Wellenlänge und höherer
Leistung gegeben ist. Für eine Systemanwendung kann damit der Diodenlasertyp optimal an die Anforderungen bezüglich Wellenlänge und Leistung angepaßt werden, ohne
die prinzipiellen Systemcharakteristika zu ändern.

Kohärente Kopplung

Bei dem Prozeß des Injection-Locking wird ein Teil der optischen Leistung eines sta-
bilen Master-Lasers in einen Slave-Laser eingekoppelt. Durch diesen Prozeß werden die
Strahlungseigenschaften des Master-Lasers bezüglich Linienbreite und Kohärenzlänge dem
Slave-Laser eingeprägt. Außerdem findet eine Phasenkopplung zwischen der Master- und
der Slave-Emission statt, d.h. die Laser sind miteinander kohärent gekoppelt. Da ein
Leistungsanteil von ca. 1 % für eine stabile Kopplung ausreicht, ist es möglich, mit einem
Master-Laser eine größere Anzahl von Slave-Lasern zu koppeln. Im realisierten System
wurde dies mit 19 Diodenlasern durchgeführt.

Die Stabilität des Injection-Locking hängt von der Stabilität der Betriebsparameter wie Betriebsstrom und Temperatur des Master-Lasers und der Slave-Laser ab. Um für das System einen stabilen Betrieb zu gewährleisten, wurde eine Kohärenzregelung entwickelt, die den Kohärenzgrad der Slave-Laser bezüglich dem Master-Laser auf das experimentell erreichte Maximum stabilisiert.

Strahlungstransport über Grundmode-Glasfasern

Um den flexiblen Einsatz des Systems zu sichern und die hohe Strahlqualität der Diodenlaser zu erhalten, wird der Transport der Strahlungsenergie von den Slave-Lasern zum Ort der Bearbeitung mit polarisationserhaltenden Grundmode-Glasfasern realisiert. Dazu wird die Strahlung jedes einzelnen Diodenlasers in eine Grundmode-Glasfaser eingekoppelt. Die stabile Einkopplung, die Positionstoleranzen für die verwendeten optischen Komponenten im Submikrometerbereich erfordert, wird mit einer planaren, teilminiaturisierten Aufbautechnik erreicht. Für die Justage der Komponenten wird ein dynamisches Verfahren eingesetzt, das den Zeitaufwand für die Positionierung gegenüber einem iterativen Verfahren erheblich verringert.

Phasenregelung

Die Glasfasern unterliegen bei einem industriellen Einsatz mechanischen und thermischen Belastungen. Diese führen zu einer zeitabhängigen Änderung des optischen Weges und damit zu Phasenfluktuationen der Lichtwelle am Faserende. Für die kohärente Addition der Strahlungsleistung aus mehreren Fasern ist jedoch eine zeitlich stabile Phasenbeziehung notwendig. Aus diesem Grund ist im Systemkonzept eine elektronische Phasenregelung vorgesehen, die über einen optoelektronischen Regelkreis eine stabile Phasenbeziehung zwischen den 19 Diodenlasern des Systems herstellt.

Strahlüberlagerung

Die räumliche Überlagerung der Einzelstrahlen aus den Glasfasern wird mit Hilfe eines Linsenarrays mit hexagonaler Symmetrie und einer fokussierenden Linse erreicht. Aufgrund der hexagonalen Anordnung der Einzellinsen im Linsenarray wird eine optimale Füllung der Fokussierlinsen-Apertur erreicht. Diese Art der kohärenten Überlagerung hat eine charakteristische Strukturierung der Leistungsdichteverteilung im Systemfokus zur Folge, die von der Kohärenz der Einzelemitter und der Qualität der räumlichen Überlagerung abhängig ist. Mit der Hilfe von Modellrechnungen wird diese Verteilung theoretisch quantifiziert. Durch den Vergleich der theoretischen mit der gemessenen Leistungsdichteverteilung kann die Systemfunktion beurteilt werden.

1.2   Inhaltsübersicht

Die Struktur dieser Arbeit orientiert sich an dem Aufbau und der Charakterisierung des Demonstrationssystems mit den zuvor beschriebenen Charakteristika.

In Kapitel 2 werden die physikalisch-technischen Grundlagen behandelt, die für die kohärente Kopplung von Diodenlasern mit den erwähnten Systemkomponenten notwendig
sind. Diese beinhalten den Aufbau und die Strahlungscharakteristik von Diodenlasern,
die Begriffe der zeitlichen und räumlichen Kohärenz, eine Übersicht über Konzepte zur
kohärenten Kopplung und die Einkopplung von Diodenlaser-Strahlung in Grundmode-
Glasfasern.

Kapitel 3 beschreibt experimentelle Voruntersuchungen und Modellrechnungen, die für
die detaillierte Systemkonzeption notwendig sind. Der Prozeß des Injection-Locking wird
in diesem Kapitel bezüglich des stabilen technischen Einsatzes qualifiziert und eine Meßmethode zur schnellen Quantifizierung des Prozesses beschrieben. Für den Aufbau einer
stabilen Phasenregelung ist die Kenntnis des Frequenzspektrums der Phasenfluktuationen notwendig, die durch mechanische Belastungen der Glasfasern entstehen. Dieses
Frequenzspektrum wurde unter extremer Belastung einer Faser gemessen. Zum Abschluß
des Kapitels werden die Modellrechnungen zur Systembeschreibung dokumentiert und
exemplarische Ergebnisse gezeigt.

In Kapitel 4 wird das Systemkonzept und die technische Realisierung des Demonstrationssystems mit 19 Diodenlasern mit allen Systemkomponenten im Detail beschrieben.
Neben den gefundenen Lösungen für die optomechanische Aufbautechnik, für die Justageanforderungen im Submikrometerbereich bestehen, wird auch die Realisierung der
elektronischen Phasen- und Kohärenzregelung behandelt.

Kapitel 5 gibt eine ausführliche Charakterisierung des realisierten Demonstrationssystems
wieder. Diese beinhaltet Messungen zur Kohärenz zwischen dem Master-Laser und den
Slave-Lasern, Stabilitätsmessungen an der aufgebauten Kohärenz- und Phasenregelung
sowie Messungen der zwei- und eindimensionalen Leistungsdichteverteilung im Fokus des
Systems. Der Vergleich der experimentellen mit den berechneten Leistungsdichteverteilungen liefert Informationen über die Funktion, über die Fehlerquellen und die Optimie-
rungspotentiale des Systems.

Zum Abschluß der Arbeit werden die Ergebnisse noch einmal zusammengefaßt und ein
Ausblick auf die Entwicklungsmöglichkeiten des Systemkonzeptes gegeben.

2 Grundlagen der Diodenlaser und ihrer Kopplung

Dieses Kapitel gibt eine Übersicht über die theoretischen Grundlagen, die für den Aufbau und die Optimierung eines Systems aus kohärent gekoppelten Diodenlasern notwendig sind. Die Behandlung orientiert sich dabei an der technischen Realisierung des Systems.

2.1 Diodenlaser

2.1.1 Aufbau

Der Diodenlaser ist eine Verbindung von elektronischem Halbleiterbauelement-Design und optischem Laser-Design. In Abb. 2.1 ist der Aufbau eines Diodenlasers schematisch dargestellt. Auf ein kristallines Substrat wird mittels eines epitaktischen Verfahrens eine Schichtstruktur aufgewachsen. Das Basisschichtsystem besteht aus positiv und negativ dotiertem Halbleitermaterial (pn-Übergang) analog zu einer konventionellen elektrischen Diode.

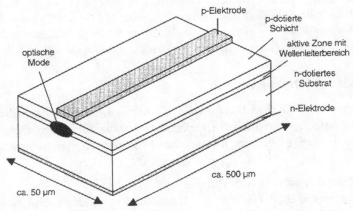

Abbildung 2.1: Schematischer Aufbau eines Diodenlasers. Zwischen p- und n-dotierter Schicht befindet sich die aktive Zone mit einer Wellenleiterschichtstruktur. Die seitliche Ausdehnung der optischen Mode kann durch eine Index- oder Gewinnführung bestimmt werden.

Durch Anlegen einer Spannung an die Elektroden kommt es zu einem Stromfluß und zu einer strahlenden Ladungsträgerrekombination im Bereich des pn-Übergangs. Das Halbleitermaterial ist damit das elektrisch gepumpte Verstärkungsmedium des Diodenlasers. Für den Diodenlaser in Abb. 2.1 wird der Resonator durch die vordere und hintere Facette gebildet, die planparallel zueinander sind. Damit entsteht ein Fabry-Perot-Resonator mit diskreten Longitudinal- und Transversal-Moden [Cho 94]. Die Auswahl der im Betrieb anschwingenden Longitudinal-Moden geschieht bei einem Laser mit Fabry-Perot-Resonator über das Verstärkungsspektrum des verstärkenden Mediums und ist im allgemeinen nicht auf eine Longitudinal-Mode beschränkt. Im Spezialfall eines Diodenlasers ergibt sich die longitudinale Modenselektion nicht allein durch das Verstärkungsspektrum, sondern zusätzlich durch nichtlineare Effekte im aktiven Halbleitermaterial [Buu 91].

Mit Hilfe anderer Resonatorkonfigurationen, z.B. einer verteilten Rückkopplung ('Distributed Feedback', DFB) [Buu 85] oder eines externen Resonators [Hel 90], läßt sich das Spektrum der Longitudinal-Moden auf eine einzige Mode definiert begrenzen.

Die Auswahl der Transversal-Moden kann über die räumliche Definition des aktiven Mediums bestimmt werden, die zu einer Wellenleitung führt. Dies geschieht durch eine räumlich strukturierte Streifenelektrode bei einem gewinngeführten Diodenlaser oder durch ein räumliches und materielles Schichtdesign im Bereich der aktiven Zone bei einem indexgeführten Diodenlaser [Cho 94]. Die räumliche Einschränkung führt zu einer Modenselektion, die im Extremfall nur die Ausbreitung der transversalen Grundmode zuläßt. Diodenlaser mit entsprechender Struktur werden deshalb als Grundmode-Diodenlaser bezeichnet.

Die Vorteile des Diodenlasers gegenüber anderen Lasertypen sind u.a. die hohe Effizienz bei der Umwandlung von elektrischer Energie in Lichtenergie (> 40 %), die kompakte Bauform und die kostengünstige Herstellung in großen Stückzahlen entsprechend elektronischen integrierten Bauelementen. Über die Materialwahl für das aktive Medium ist außerdem die Emissionswellenlänge über einen großen Bereich wählbar.

2.1.2 Abstrahlcharakteristik

Die Abstrahlcharakteristik eines Diodenlasers läßt sich in die räumliche und die spektrale Leistungsdichteverteilung unterteilen. Die räumliche Leistungsdichteverteilung entspricht dem transversalen Modenspektrum, die spektrale Leistungsdichteverteilung dem longitudinalen Modenspektrum.

Räumliche Leistungsdichteverteilung

Bei einem Grundmode-Diodenlaser ist die räumliche Einschränkung des verstärkenden Mediums so gewählt, daß nur die transversale Grundmode anschwingt. Die Form dieser Grundmode ist durch die Form des die räumliche Einschränkung definierenden Wellenleiters gegeben.

Da sich der Schichtaufbau senkrecht zum pn-Übergang im allgemeinen von dem parallel zum pn-Übergang unterscheidet, besteht keine Rotationssymmetrie für den entstehenden Wellenleiter. Das Resultat ist ein im allgemeinen elliptischer Strahlquerschnitt. Die Leistungsdichteverteilung auf der Facette des Diodenlasers (Nahfeld) entspricht in guter Näherung einer Gaußschen Verteilung [Li 96] und unterliegt damit den Gesetzen der Gaußschen Propagation. Für diese gilt die Erhaltung des Strahlparameterproduktes aus Strahltaillendurchmesser und Fernfelddivergenzwinkel [Sig 86]. Danach ergibt sich im Fernfeld ebenfalls ein elliptisches Strahlprofil mit inversem Achsverhältnis, da die Fernfeld-Divergenzwinkel invers proportional zu der Nahfeldausdehnung sind.

Die Strahlqualität eines Lasers läßt sich mit Hilfe der Beugungsmaßzahl M^2 quantifizieren [Iso 96]. Für Diodenlaser im Grundmodebetrieb erhält man für die Beugungsmaßzahl Werte von 1,1 bis 1,3 [Sch 98]. Aufgrund der fehlenden Rotationssymmetrie ist der Wert für das M^2 von der Meßrichtung bezüglich der Ellipsenachsen abhängig.

Spektrale Leistungsdichteverteilung

Die spektrale Leistungsdichteverteilung ist bei einem Diodenlaser mit Fabry-Perot-Resonator durch die diskreten Longitudinal-Moden und das Verstärkungsspektrum des aktiven Materials gegeben. Die Longitudinal-Moden sind bezüglich einer Frequenzskala äquidistant. Für einen Diodenlaser mit einer Chiplänge von L = 500 μm und einem Materialbrechungsindex von n = 3,5 erhält man für den Modenabstand $\Delta\nu_{Mode}$ [You 92]:

$$\Delta\nu_{Mode} = \frac{c}{2nL} = 86\,\text{GHz}. \tag{2.1}$$

Die absolute Wellenlänge einer Mode mit der Ordnungszahl N ist

$$\lambda_N = \frac{2Ln}{N} \tag{2.2}$$

und damit ebenfalls von der Länge des Diodenlaser-Chips und dem Brechungsindex des Materials abhängig.

Für den Abstand zwischen zwei Moden bezüglich der Wellenlängenskala folgt aus Gl. 2.2:

$$\Delta\lambda_N = \lambda_{N-1} - \lambda_N = \frac{2Ln}{N^2 - N}. \tag{2.3}$$

Mit den obigen Werten für Chiplänge und Materialbrechungsindex folgt bei einer Betriebswellenlänge $\lambda_N = 675\,\text{nm}$ für den Modenabstand $\Delta\lambda_{Mode}$:

$$\Delta\lambda_{Mode} = 0,13\,\text{nm}.$$

Die Wellenlänge einer Mode N kann damit über die Chiplänge L oder den Materialbrechungsindex n verändert werden. Die Chiplänge läßt sich aufgrund der thermischen Materialexpansion direkt über die Temperatur ändern. Der Brechungsindex des Halbleitermaterials ist ebenfalls von der Temperatur und zusätzlich vom Betriebsstrom abhängig [Sze 81]. Der Einfluß des Stroms auf den Brechungsindex geht dabei auf eine Chiptemperaturänderung und eine Veränderung der Ladungsträgerdichte im Halbleitermaterial zurück [Dan 82]. Damit ist eine Abstimmung des Resonators in der Wellenlänge über die Betriebsparameter Strom und Temperatur möglich.

Die Beziehung zwischen der Frequenzskala und der Wellenlängenskala ergibt sich aus dem Zusammenhang zwischen Frequenz ν und Wellenlänge λ einer Lichtwelle und der Lichtgeschwindigkeit c :

$$c = \nu \lambda. \tag{2.4}$$

Für die Umrechnung einer Frequenzdifferenz in eine Wellenlängendifferenz folgt damit:

$$\Delta\nu = \nu_2 - \nu_1 = \frac{c}{\lambda_2} - \frac{c}{\lambda_1} = -c\frac{\lambda_1 - \lambda_2}{\lambda_1 \cdot \lambda_2} \approx -\frac{c}{\lambda^2}\Delta\lambda \qquad \text{für } \Delta\lambda \ll \lambda. \tag{2.5}$$

Für eine Wellenlänge von 675 nm ergibt sich mit den Einheiten GHz für die Frequenz und nm für die Wellenlänge ein Proportionalfaktor von 660 GHz/nm.

2.2 Kohärenz und Kohärenzeigenschaften

Die herausragende Eigenschaft des Lasers im Vergleich zu thermischen Strahlungsquellen ist seine große räumliche und zeitliche Kohärenz. Die Quelle der Kohärenz ist die durch optische Rückkopplung induzierte stimulierte Emission von Photonen im Verstärkungsmedium und damit die im Idealfall räumlich und zeitlich phasenstarre Emission. Die große räumliche Kohärenz ermöglicht bei der Fokussierung sehr hohe Leistungsdichten und die zeitliche Kohärenz bedingt die extreme Monochromie.

2.2.1 Zeitliche Kohärenz

Die zeitliche Kohärenz zweier Strahlungsfelder gibt an, wie stark diese an einem festen Ort miteinander korrelieren. Dabei kann der Ursprung der Felder eine Quelle (Selbstkohärenzgrad) oder mehrere Quellen (Kreuzkohärenzgrad) sein.

Selbstkohärenzgrad

Die Korrelation kann durch die Überlagerung zweier um die Zeit τ zueinander verzögerter Feldanteile $E_1(t)$ und $E_2(t) = \frac{E_{20}}{E_{10}}E_1(t + \tau)$ mit im allgemeinen unterschiedlichen Amplituden E_{10} und E_{20} einer Quelle bestimmt werden. Experimentell wird die Zeitverzögerung durch ein Interferometer mit unterschiedlicher optischer Weglänge für die beiden Felder realisiert. Das aus der Überlagerung resultierende Feld $E(t)$ ergibt sich aus der Summation der Einzelfelder:

$$E(t) = E_1(t) + E_2(t). \tag{2.6}$$

Für einen Detektor meßbar ist nur die aus der Feldverteilung resultierende Leistungsdichte, die aus der zeitlichen Mittelung (dargestellt durch spitze Klammern) des Summenfeldes $E(t)$ folgt (komplexe Schreibweise):

$$\begin{aligned}
I &= \langle E E^* \rangle = \langle (E_1 + E_2)(E_1 + E_2)^* \rangle \\
&= I_1 + I_2 + \text{Re}\left[\langle E_1(t) E_2^*(t) \rangle\right] \\
&= I_1 + I_2 + \text{Re}\left[\Gamma_{11}(\tau)\right].
\end{aligned} \tag{2.7}$$

Die Leistungsdichte hat danach einen konstanten Anteil $I_1 + I_2$, der der Summe der Leistungsdichten beider Felder $|E_{10}|^2 + |E_{20}|^2$ entspricht und einen Anteil, der von der Zeitdifferenz τ zwischen beiden Feldern abhängt. Der zweite Term enthält die Information über die Korrelation der zwei Feldanteile mit der komplexen Selbstkohärenzfunktion $\Gamma_{11}(\tau)$ [Lau 93]:

$$\Gamma_{11}(\tau) = \langle E_1(t) E_2^*(t) \rangle = \lim_{T_m \to \infty} \frac{1}{T_m} \int_{-T_m/2}^{+T_m/2} E_1(t) E_2^*(t) \, dt. \qquad (2.8)$$

Die zeitliche Mittelung erfolgt über die Zeit T_m, die im mathematisch idealisierten Sinn für eine vollständige Angabe der Selbstkohärenz unendlich sein muß. In einem Experiment ist diese Mittelungszeit durch die Grenzfrequenz der Leistungsdichtedetektion gegeben. Die auf den Wert für $\tau = 0$ normierte Selbstkohärenzfunktion wird als komplexer Selbstkohärenzgrad $\gamma_{11}(\tau)$ bezeichnet:

$$\gamma_{11}(\tau) = \frac{\Gamma_{11}(\tau)}{\Gamma_{11}(0)}. \qquad (2.9)$$

Meßbar ist jedoch nur der Betrag der komplexen Größe $|\gamma_{11}(\tau)|$. Nach dieser Definition bewegen sich die Werte für den Selbstkohärenzgrad zwischen null für eine verschwindende und eins für eine vollkommene Kohärenz.

Die experimentelle Bestimmung des Betrages des Selbstkohärenzgrades kann, wie erwähnt, mit einem Interferometer durchgeführt werden. Durch Variation der Weglängendifferenz im Interferometer kann dabei die Zeitverzögerung τ eingestellt werden. Für die Überlagerung zweier vollkommen kohärenten harmonischen Wellen

$$E_1(t) = E_{10} \, e^{-i\omega t} \quad \text{und} \quad E_2(t) = E_{20} \, e^{-i\omega(t+\tau)} \qquad (2.10)$$

mit der Frequenz ω im Interferometer folgt nach Gl. 2.8:

$$\begin{aligned}
\Gamma_{11} &= \lim_{T_m \to \infty} \frac{1}{T_m} \int_{-T_m/2}^{+T_m/2} |E_{10} E_{20}| \, e^{i\omega t} \, e^{-i\omega(t+\tau)} \, dt \\
&= |E_{10} E_{20}| \, e^{-i\omega\tau}.
\end{aligned} \qquad (2.11)$$

Der aus diesem Wert berechnete Selbstkohärenzgrad für die harmonische Welle ist nach Gl. 2.9:

$$|\gamma_{11}(\tau)| = \left| \frac{E_{10} E_{20} \, e^{-i\omega\tau}}{E_{10} E_{20}} \right| = 1. \qquad (2.12)$$

Zusammen mit Gl. 2.7 erhält man aus dem berechneten Γ_{11} die Leistungsdichte am Ort der Überlagerung in Abhängigkeit der Phase $\Phi = \omega\tau$ zwischen beiden Feldern:

$$\begin{aligned}
I &= I_1 + I_2 + 2\,|E_{10} E_{20}| \cos(\omega\tau) \\
&= I_1 + I_2 + 2\,|E_{10} E_{20}| \cos(\Phi).
\end{aligned} \qquad (2.13)$$

Die Leistungsdichte ist danach cosinusförmig in Abhängigkeit der Phase zwischen beiden Feldern moduliert. Experimentell kann der Selbstkohärenzgrad über die Messung des Kontrastes K der Leistungsdichteverteilung $I(\Phi)$ bestimmt werden. Der Kontrast ergibt sich nach

$$K = \frac{I_{max} - I_{min}}{I_{max} + I_{min}} \tag{2.14}$$

aus der maximalen und minimalen Leistungsdichte (I_{max} und I_{min}) in der Ebene der Überlagerung. Für das Beispiel einer harmonischen Welle werden diese Werte für $\Phi = 0$ ($I_{max} = I_1 + I_2 + 2|E_{10}E_{20}|$) und $\Phi = \pi$ ($I_{min} = I_1 + I_2 - 2|E_{10}E_{20}|$) erreicht. Es läßt sich zeigen, daß der Kontrast bis auf einen Faktor, der von den Leistungsdichten der überlagerten Felder abhängt, gleich dem Betrag des Selbstkohärenzgrades ist [Shi 86]:

$$|\gamma_{11}(\tau)| = \frac{I_1 + I_2}{2\sqrt{I_1 \cdot I_2}} K(\tau). \tag{2.15}$$

Für den Fall, daß die Leistungsdichte der überlagerten Felder am Ort der Messung gleich ist, wird der Proportionalfaktor zwischen Kontrast und Selbstkohärenzgrad gleich eins. Um die Stahlung einer Quelle mit einer einzigen Zahl bezüglich ihrer Kohärenz zu charakterisieren, kann die Kohärenzzeit τ_c oder Kohärenzlänge l_c dieser Quelle angegeben werden. Die Kohärenzzeit läßt sich nach

$$\tau_c = \int_{-\infty}^{+\infty} |\gamma_{11}(\tau)|^2 \, d\tau \tag{2.16}$$

aus dem Selbstkohärenzgrad bzw. aus dem experimentell bestimmten Kontrast berechnen. Für den Spezialfall eines exponentiell abfallenden Selbstkohärenzgrades (für lorenzförmige Spektralverteilung, entspricht den verwendeten Diodenlasern [Ste 96]) ergibt sich nach Gl. 2.16 für die Kohärenzzeit τ_c [Goo 85]:

$$\gamma_{11}(\tau_c) = \frac{\gamma_{11}(0)}{e^1}. \tag{2.17}$$

Die Kohärenzzeit gibt damit die Zeitdifferenz zwischen den zwei überlagerten Feldanteilen der Quelle an, für die der Selbstkohärenzgrad auf e^{-1} abgefallen ist. Die Kohärenzlänge l_c entspricht der Wegdifferenz im Interferometer für die Zeitdifferenz τ_c:

$$l_c = c\tau_c. \tag{2.18}$$

Abb. 2.2 zeigt das Ergebnis einer Messung des Selbstkohärenzgrades für einen Diodenlaser im Ein-Frequenz-Betrieb. Die Abhängigkeit des gemessenen Selbstkohärenzgrades $|\gamma_{11}|$ von der Armlängendifferenz l ist exponentiell und bestätigt damit den oben angesetzten Spezialfall:

$$\gamma_{11}(l) = e^{-\frac{l}{l_c}}. \tag{2.19}$$

Aus der Anpassung von Gl. 2.19 an die gezeigte Messung ergibt sich eine Kohärenzlänge von ca. 14 m.

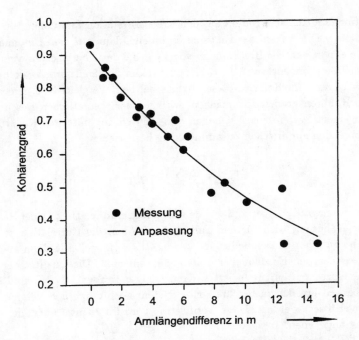

Abbildung 2.2: Mit einem Michelson-Interferometer gemessener Kohärenzgrad eines Diodenlasers in Abhängigkeit der Armlängendifferenz [Ste 96]. Die resultierende Kohärenzlänge beträgt ca. 14 m.

Kreuzkohärenzgrad

Die zeitliche Kohärenz zwischen zwei Feldern E_1 und E_2 aus unterschiedlichen Quellen wird durch die Kreuzkohärenzfunktion Γ_{12} beschrieben:

$$\Gamma_{12} = \langle E_1 E_2^* \rangle = \lim_{T_m \to \infty} \frac{1}{T_m} \int_{-T_m/2}^{+T_m/2} E_1 E_2^* \, dt.$$

Analog zur Behandlung des Selbstkohärenzgrades ergibt sich die Beziehung zwischen Kreuzkohärenzgrad γ_{12} und gemessener Kontrastfunktion K:

$$|\gamma_{12}| = \frac{I_1 + I_2}{2\sqrt{I_1 \cdot I_2}} K. \tag{2.20}$$

Eine Verallgemeinerung des Korrelationsformalismus ist die Bestimmung des Kohärenzgrades für die Überlagerung von N Quellen. Man erhält für die Korrelationsfunktion zwischen den N Feldern [Sve 89]:

$$\Gamma_{1..N} = \langle E_1 E_2 \cdots E_N \rangle = \langle (E_1 E_2 \cdots E_N)(E_1 E_2 \cdots E_N)^* \rangle. \tag{2.21}$$

Diese Funktion läßt sich als Produkt aus den Kreuzkorrelationsfunktionen von je zwei Feldern ausdrücken. Die Anzahl der Faktoren ergibt sich dann aus dem Binomialkoeffizient $\binom{N}{2}$. Für die experimentelle Bestimmung von $\Gamma_{1..N}$ bei der Überlagerung von 19 Quellen wäre demnach die Messung von $\binom{19}{2} = 171$ paarweisen Kohärenzfunktionen notwendig. Um diesen Aufwand im Rahmen dieser Arbeit bei dem Vergleich von gemessenen und berechneten Kohärenzgraden zu umgehen, wird bei der theoretischen Beschreibung der Kohärenz in einem System aus N Quellen dieser durch den mittleren Kohärenzgrad γ_m nach dem folgenden empirischen Zusammenhang beschrieben:

$$|\gamma_m| = \frac{1}{N} \sum_{j=1}^{N} |\gamma_{ref,j}| \, . \tag{2.22}$$

Der Kreuzkohärenzgrad $\gamma_{ref,j}$ gibt dabei den Kohärenzgrad relativ zu einer Referenzquelle an. Diese Näherung wird für den Fall exakt, in dem die Korrelation zwischen der Referenzquelle und den Einzelquellen vollständig ist ($\gamma_{ref,j} = 1$), da dann auch die Korrelationen zwischen den Einzelquellen vollständig sein muß. Die Qualität der Näherung nimmt dementsprechend mit reduzierten Kreuzkohärenzgraden $\gamma_{ref,j}$ ab und muß in ihrer Anwendbarkeit auf das zu beschreibende System noch durch den Vergleich mit dem Experiment verifiziert werden. Diese Verifikation wird im Kapitel über die Systemcharakterisierung angegeben.

2.2.2 Räumliche Kohärenz

Entsprechend der zeitlichen Kohärenz ist die räumliche Kohärenz die Korrelation der Elementarlichtwellen, die von zwei unterschiedlichen Raumpunkten der Lichtquelle ausgehen [You 92]. Eine vollständige räumliche Kohärenz entspricht damit einer festen Phasenbeziehung zwischen den Raumpunkten einer Lichtwelle.

Für einen Laser im transversalen Grundmode besteht diese feste Phasenbeziehung und daher eine praktisch ideale räumliche Kohärenz [Sig 86]. Die räumliche Kohärenz ist eine notwendige Bedingung für die beugungsbegrenzte Fokussierung der Strahlung und für das Erreichen einer hohen Leistungsdichte.

2.3 Kohärente Kopplung von Diodenlasern

Um zu einem Lasersystem aus Diodenlasern mit großer Leistung und großer erreichbarer Leistungsdichte zu kommen, ist es notwendig, diese kohärent zu koppeln. Zum einen bedarf es dieser Kopplung, um mit den derzeit verfügbaren Leistungen von einigen Watt pro einzelnem Diodenlaser [Obr 97] zu einem System mit einer Leistung im Kilowattbereich zu kommen. Zum anderen ist es prinzipiell nur bei einer kohärenten Kopplung möglich, die Strahlqualität des Lasersystems bei gleichzeitig anwachsender Anzahl von Einzelemittern und damit anwachsender Systemleistung zu erhalten [Lur 93].

2.3.1   Systemkonzepte

Aufgrund des großen Interesses an Lasersystemen mit großer Ausgangsleistung und hoher Strahlqualität wurde in der Vergangenheit eine Vielzahl von Systemvorschlägen gemacht. Kriterien für solche Systeme sind:

- Ein großer Kohärenzgrad und die Stabilität der kohärenten Kopplung,

- die Skalierung bezüglich der Leistung unter Beibehaltung der Strahlqualität,

- die Verfügbarkeit von Diodenlasern mit guter Strahlqualität und Leistungsstabilität,

- eine große Effizienz der Leistungskopplung,

- ein geringer technologischer Aufwand und die einfache Realisierbarkeit und

- geringe Kosten bei der industriellen Fertigung.

Die Ansätze zu einer Systemrealisierung lassen sich in die folgenden vier Gruppen unterteilen:

Injection-Locking

Durch Injektion von Strahlung eines stabilen Master-Lasers in einen oder mehrere Slave-Laser-Resonatoren werden die Strahlungseigenschaften des Master-Lasers den Slave-Lasern aufgeprägt und diese somit stabilisiert [Sto 66]. Die Funktion dieser Methode wurde für praktisch alle Lasertypen wie Gas- und Festkörperlaser nachgewiesen [Ker 89], [Har 88], so auch für einzelne Diodenlaser [Kob 81] und Diodenlaser-Arrays [Gol 87], [Tsu 94]. Die erreichten Kohärenzgrade liegen bei 0,7 bis 0,9.

Der Vorteil dieses Vorgehens ist, daß die Kopplung auf rein optischem Weg erfolgt und kommerziell erhältliche Diodenlaser für ein System eingesetzt werden können. Die rein optische Kopplung macht den Einsatz einer integriert-optischen Aufbautechnik und damit eine kostengünstige industrielle Herstellung möglich .

Oszillator-Verstärker-Kopplung

Die optische Ausgangsleistung eines leistungsschwachen, aber frequenzstabilen Master-Oszillators wird durch eine Verstärkeranordnung in der Leistung gesteigert. Im Fall von Diodenlasern wurde dieses Prinzip u.a. an Breitstreifen-Verstärkern [Abb 88] und Trapez-Verstärkern [Meh 93] demonstriert. Weiterhin wurde die kohärente Kopplung der Ausgangsleistung von mehreren Trapez-Verstärkern [Osi 95] und Wellenleiterverstärkern [Kre 91], [Lev 95] untersucht.

Auch bei diesem Konzept erfolgt die Kopplung rein optisch. Allerdings ist durch Rück-reflexe vom Verstärker in den Oszillator ein spezielles Design für diese Komponenten notwendig. Die Effizienz der kohärenten Kopplung in solchen Systemen ist deshalb stark vom individuellen Design abhängig. Die erreichten Kohärenzgrade betragen für einen einzelnen Trapez-Verstärker 0,87 bei einer Leistung von 5,25 W [Meh 93] und für vier parallel betriebene Trapez-Verstärker 0,92 bei einer Leistung von 5,8 W [Osi 95]. Im Fall der vier gekoppelten Verstärker nimmt nach Aussage der Autoren der Kohärenzgrad bei einer Steigerung der Ausgangsleistung aufgrund von optischer Rückkopplung ab.

Der Aufbau eines effizienten Systems aus Verstärkern erfordert die Abstimmung der Bauteilstruktur der Verstärker auf die Systemstruktur und ist deshalb mit derzeit kommerziell erhältlichen Verstärkern nicht möglich.

Elektronische Kopplung

Die Kopplung zweier Diodenlaser durch eine elektro-optische Rückkopplung erfolgt über die Auswertung der Differenzfrequenz zwischen den Laseremissionen mittels einer schnellen Photodiode. Ein zur Differenzfrequenz proportionales Regelsignal wirkt dabei auf den Betriebsstrom eines der Laser [Kou 91]. Man unterscheidet zwischen Homodyn- und Heterodyn-Verfahren. Beim Homodyn-Verfahren ist die Differenzfrequenz gleich null, beim Heterodyn-Verfahren nimmt sie einen konstanten Wert an.

Diese Methode ist technisch sehr aufwendig, da sie elektronische Baugruppen im GHz-Frequenzbereich für jeden zu koppelnden Laser erfordert. Für die kohärente Kopplung einer großen Anzahl von Diodenlasern ist dieses Konzept deshalb nicht kosteneffizient einsetzbar.

Kontrollierte optische Rückkopplung

Durch eine kontrollierte optische Rückkopplung mittels eines externen Resonators kann die räumlich und zeitlich kohärente Emission eines Diodenlaser-Arrays erreicht werden [Red 89]. Vergleichbar dazu ist die Kopplung über evaneszente Felder zwischen den Einzelemittern eines Diodenlaser-Arrays [Bot 94].

Der Vorteil bei der Verwendung von Diodenlaser-Arrays besteht in ihrer kompakten Bauform und dem reduzierten Justageaufwand von ebenfalls in Arraygeometrie angeordneten Optikelementen. Es besteht jedoch der Nachteil, eine ausreichende Kopplung zwischen weiter entfernten Einzelemittern eines Arrays zu realisieren [Bot 94], womit die Forderung nach der Skalierbarkeit nur beschränkt erfüllt ist.

Unter der Berücksichtigung der oben genannten Kriterien und der bisher erzielten und in der Literatur dokumentierten Ergebnisse für die beschriebenen Ansätze bietet sich die Methode des Injection-Locking für ein System zur kohärenten Kopplung von Diodenlasern an. Aus diesem Grund wurde sie für das in dieser Arbeit zu realisierende System ausgewählt. Das Prinzip und die Funktion werden im folgenden Kapitel näher erläutert.

2.3.2   Prinzip des Injection-Locking

Eine mögliche technische Realisierung des Injection-Locking-Prozesses ist in Abb. 2.3 gezeigt. Master- und Slave-Laser werden über die Wärmesenken temperaturgeregelt. Der Master emittiert im longitudinalen Ein-Frequenz-Betrieb und wird mit optischen Isolatoren gegen Rückreflexe vom Slave-Laser geschützt. Über einen Strahlteiler wird ein Teil δP_M der Master-Leistung in den Slave-Laser injiziert.

Die Frequenz des Master-Lasers ν_M und die des nicht gekoppelten (solitären) Slave-Lasers ν_S sind im allgemeinen unterschiedlich. Im gekoppelten Fall ist die Slave-Frequenz gleich der Master-Frequenz.

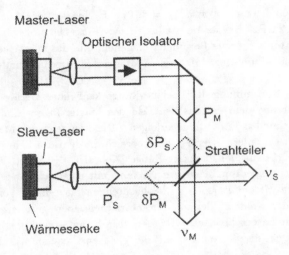

Abbildung 2.3: Kopplung eines Slave-Lasers an einen Master-Laser durch Injektion der Master-Leistung δP_M. Der Slave-Laser wird in Frequenz und Phase an den Master-Laser gekoppelt. Durch einen optischen Isolator wird der Master-Laser vor der Slave-Strahlung δP_S geschützt.

Der Prozeß des Injection-Locking läßt sich theoretisch mittels der Ratengleichungen für einen Laserresonator mit einer externen Leistungs-Injektion beschreiben [Sig 86]. Man erhält daraus einen Zusammenhang für die Frequenzdifferenz $\Delta \nu_L$ zwischen Master- und solitärem Slave-Laser, für die der Slave mit der Master-Frequenz emittiert:

$$\Delta \nu_L = 2 \left| \nu_S - \nu_M \right| \leq 2 r_e \sqrt{\frac{\delta P_M}{P_s}}. \tag{2.23}$$

Dieser Frequenzbereich wird als Locking-Range bezeichnet und hängt nur von der Verlustrate r_e des Slave-Resonators für eine extern eingekoppelte Leistung, der Leistung des Slave-Lasers P_S und der eingekoppelten Master-Leistung δP_M ab.

Die externe Verlustrate $r_e = -\ln\left(\sqrt{R_1 R_2}\right)/t_R$ beschreibt darin den zeitlichen Energieabfall einer externen Einkopplung durch die Verluste an den Resonatorspiegeln mit den Reflektivitäten R_1 und R_2. Die Umlaufzeit t_R in einem Resonator mit der Länge L und einem Materialbrechungsindex n ist $t_R = 2Ln/c$.

Für einen typischen Diodenlaser mit einer Chiplänge von $L = 500 \, \mu$m, einem Materialbrechungsindex von $n = 3,5$ und einer einseitigen hochreflektierenden Verspiegelung

$(R_1 = 1, R_2 = 0, 3)$ folgt für den Locking-Range:

$$\Delta\nu_L = 102\,\text{GHz}\,\sqrt{\frac{\delta P_M}{P_s}}. \tag{2.24}$$

Bei einer injizierten Leistung von $\delta P_M = 0,01 \cdot P_S$ beträgt der Locking-Range nach Gl. 2.23 $\Delta\nu_L = 10,2\,\text{GHz}$. Bei der Beurteilung dieses Wertes ist zu berücksichtigen, daß in Gl. 2.23 nur resonatorspezifische Parameter eingehen, d.h. das verstärkende Medium bei der erwähnten Behandlung nur durch einen konstanten Brechungsindex berücksichtigt wird.

Die experimentelle Bestimmung des Locking-Range kann über die Messung der Schwebungsfrequenz zwischen dem elektrischen Feld des Master-Lasers und dem des Slave-Lasers mit einer schnellen Photodiode erfolgen. Die Frequenz des Master-Lasers wird dazu kontinuierlich verändert. Der Frequenzbereich, in dem das Schwebungssignal verschwindet, entspricht dann dem Locking-Range [Kob 81]. Diese Art der Messung setzt jedoch eine entsprechende apparative Ausstattung mit einer schnellen Photodiode und einem Spektrumanalysator für jeden zu beobachtenden Slave-Laser voraus. Alternativ dazu kann jedoch der Kontrast der interferometrischen Überlagerung zwischen Master-Laser und den Slave-Lasern beobachtet werden. Ein hoher Kontrast ist nur in dem Fall zu beobachten, in dem der Slave-Laser mit der gleichen Frequenz wie der Master-Laser emittiert [Kob 81].

Die experimentelle Überprüfung des Zusammenhangs nach Gl. 2.23 liefert z.B. für Gaslaser eine gute Übereinstimmung [Sto 66]. Bei dem Injection-Locking von Diodenlasern ergeben sich jedoch Abweichungen, die auf nichtlineare Effekte im Halbleitermaterial zurückzuführen sind. Die Abhängigkeit des Brechungsindex von der Ladungsträgerdichte führt zu einem unsymmetrischen Locking-Range [Lan 82] und unter bestimmten Betriebszuständen zu einem chaotischen Verhalten der Slave-Laser [Kov 95]. Untersuchungen des stabilen Injection-Locking von Diodenlasern zeigen, daß die Abweichung von der theoretischen Beschreibung nach Gl. 2.23 für einen technischen Einsatz nicht relevant sind [Kob 81].

Der Prozeß des Injection-Locking ist in der ersten Stufe auf $P_M/\delta P_M$ koppelbare Slave-Laser beschränkt. Um zu einer größeren Anzahl und damit zu einem skalierbaren System zu kommen, können die Slave-Laser erster Ordnung als Master-Laser für die Slave-Laser zweiter Ordnung eingesetzt werden (Baumstruktur).

2.3.3 Kohärente Leistungsaddition

Um die Leistungen der kohärenten, jedoch räumlich getrennten Emitter zu addieren, ist eine Überlagerung der Strahlen notwendig. Für das Konzept eines Hochleistungs-Lasersystems muß die Art der Leistungsaddition skalierbar in der Systemleistung und damit in der Anzahl der Emitter sein.

Die einfachste Art der kohärenten Leistungsaddition ist die Verwendung eines Strahlteilers in umgekehrter Richtung (Strahlkombinierer) [And 89]. Das Problem einer solchen

Anordnung liegt in der Phasenkontrolle an jedem der Strahlkombinierer, da auf ein Signal geregelt werden muß, das im Idealfall gleich null ist. Außerdem wirken sich Phasenfluktuationen an einem Strahlkombinierer negativ auf die Leistungsaddition an den folgenden Strahlkombinierern in einer Baum- oder Kettenstruktur aus [Sch 95].

Eine weitere Möglichkeit ist das Winkelmultiplexen (Abb. 2.4), mit der die Überlagerung von Strahlen skalierbar durchgeführt werden kann [Opo 96]. Als Folge des Mittenabstands der Einzelstrahlen Δx ergibt sich bei der Fokussierung durch eine Linse mit Brennweite f der Winkel $\theta_x = \arctan(\Delta x/f)$ zwischen den Strahlen. Dies bedeutet für die kohärente Überlagerung die Bildung eines Interferenzmusters.

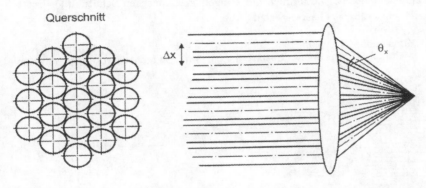

Abbildung 2.4: Prinzip des Winkelmultiplexen für die skalierbare Überlagerung von kohärenten Einzelstrahlen. Durch den Strahlabstand Δx ergibt sich nach der Fokussierung der Winkel θ_x zwischen den Einzelstrahlen. Für eine optimale Aperturfüllung der fokussierenden Linse sind die Strahlen auf einem hexagonalen Gitter angeordnet.

Die Skalierbarkeit dieser Anordnung ist über Anzahl und Durchmesser der Einzelstrahlen wie auch über den Durchmesser der Fokussierlinse gegeben. Um eine große Füllung der Fokussierlinsen-Apertur zu erreichen, sind die Einzelstrahlen in der Ebene senkrecht zur optischen Achse auf einem hexagonalen Gitter angeordnet [Swa 87]. Die optimierte Auslegung der Optik für das Winkelmultiplexen ist an anderer Stelle durchgeführt und detailliert beschrieben worden [Sch 98].

2.4 Einkopplung von Diodenlaser-Strahlung in Grundmode-Glasfasern

Die Verwendung von Glasfasern zum Transport der Lichtenergie von Lasersystemen bedeutet einen hohen Grad an Flexibilität beim Einsatz in der Materialbearbeitung [Che 94]. Bei konventionellen Systemen werden aufgrund der begrenzten Strahlqualität der Laserquellen Multimode-Glasfasern eingesetzt. Um bei der Verwendung von Grundmode-Diodenlasern in einem System die hohe Strahlqualität und damit die gute Fokussierbarkeit zu erhalten, müssen Grundmode-Glasfasern eingesetzt werden.

2.4.1 Grundmode-Glasfasern

Aufbau

Eine Glasfaser ist ein Wellenleiter für Strahlung im sichtbaren und nahen infraroten Wellenlängenbereich mit sehr geringer Dämpfung. Sie ist aus einem Glaskern und einem Glasmantel aufgebaut. Zusammen mit einigen mechanischen Schutzhüllen entsteht ein industriell einsetzbares Glasfaserkabel (Abb. 2.5).

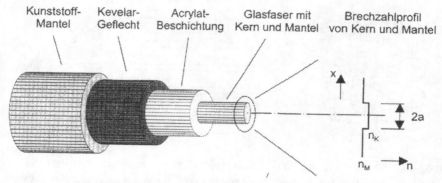

Abbildung 2.5: Aufbau eines Glasfaserkabels. Die optische Funktion wird durch Glaskern und -mantel bestimmt. Durch den höheren Brechungsindex des Kerns n_K gegenüber dem Mantel n_M wird eine Wellenleitung im Kern erreicht.

Die wellenleitende Funktion ergibt sich aus dem Brechzahlprofil von Kern und Mantel und dem Kernradius a. Durch den größeren Brechungsindex des Kernmaterials n_K gegenüber dem Mantelmaterial ergibt sich an der Grenzfläche zwischen Kern und Mantel eine Totalreflexion der Lichtwellen bis zu einem durch die Brechzahldifferenz gegebenen Grenzwinkel. Aus diesem Grenzwinkel resultiert der maximale Divergenzwinkel θ, unter dem Strahlung die Faser verläßt bzw. unter dem Strahlung in die Faser eingekoppelt werden kann. Der Sinus dieses Divergenzwinkels multiplizert mit dem Brechungsindex des die Faser umgebenden Mediums n_0, wird als Numerische Apertur (NA) der Faser bezeichnet. Diese hängt ausschließlich von den Brechzahlen des Kerns n_K und des Mantels n_M ab [You 92]:

$$NA = n_0 \sin\theta = \sqrt{n_K^2 - n_M^2}. \qquad (2.25)$$

Für eine typische relative Indexdifferenz von 0,3 % und einem Mantelindex von $n_M = 1,5$ erhält man aus diesem Zusammenhang eine Numerische Apertur von 0,12. In Abhängigkeit des Verhältnisses von Kernradius a der Faser zur Wellenlänge wird zwischen Multi-mode- und Grundmode-Fasern unterschieden.

Leistungsdichteverteilung

Bei Grundmode-Fasern ist der Kernradius a so klein, daß für Strahlung oberhalb einer Grenzwellenlänge λ_g ('Cut-Off'-Wellenlänge) nur die transversale Grundmode verlustfrei propagieren kann. Diese Grenzwellenlänge ist bei einer idealen Stufenindexfaser durch den Kernradius und die Indexdifferenz zwischen Kern und Mantel gegeben [Jeu 90]:

$$\lambda_g = \frac{2\pi\, a \sqrt{n_K^2 - n_M^2}}{2.405} = \frac{2\pi\, a\, NA}{2.405} \approx 2,6\, a\, NA. \qquad (2.26)$$

Der numerische Wert 2,405 ist durch die Auswahlregeln für die Moden eines zylindrischen Wellenleiters gegeben. Für die oben angesetzte Indexdifferenz folgt für eine Grenzwellenlänge $\lambda_g = 650$ nm ein Kernradius von $2{,}1\,\mu$m.

Die transversale Leistungsdichteverteilung der propagierenden Mode ergibt sich aus der Theorie für rotationssymmetrische Wellenleiter und ist eine Superposition von modifizierten Besselfunktionen [Yar 91]. Für Wellenlängen, die nur wenig größer als die Grenzwellenlänge λ_g sind, kann die Leistungsdichteverteilung durch eine Gaußsche Verteilung angenähert werden [Jeu 90].

Der Durchmesser der Grundmode bei $1/e^2$ der maximalen Leistungsdichte wird als Modenfelddurchmesser bezeichnet und ist vom Kernradius und der Lichtwellenlänge λ abhängig [Mar 91]:

$$w_0 = 2\,a \left[0,65 + 0,43 \left(\frac{\lambda}{\lambda_g} \right)^{\frac{3}{2}} + 0,0149 \left(\frac{\lambda}{\lambda_g} \right)^6 \right] \qquad (2.27)$$

Für das obige Beispiel erhält man nach Gl. 2.27 bei einer Wellenlänge von $\lambda = 675$ nm einen Modenfelddurchmesser von $w_0 = 1,12 \cdot 2\,a = 4,7\,\mu$m.

Polarisation

Standard-Grundmode-Fasern haben senkrecht zur Faserachse eine rotationssymmetrische Geometrie und ein ebensolches Brechungsindexprofil und damit keine intrinsische Polarisationsselektivität. Aufgrund von mechanischen und thermischen Belastungen der Faser in der Praxis (Biegungen, Dehnungen und Torsionen), ergeben sich inhomogene Änderungen des Brechungsindexprofiles und damit Doppelbrechung. Aus dieser folgen Änderungen im Polarisationszustand der Strahlung während der Propagation durch die Faser [Ker 88].

Um eine Erhaltung des Polarisationszustandes zu gewährleisten, werden Fasern mit nicht rotationssymmetrischer Kern- und Mantelstruktur hergestellt [Nod 86]. Diese Strukturen induzieren durch anisotrope Materialspannungen unterschiedliche Brechungsindizes entlang zweier zueinander senkrechten Hauptachsen der Faser und damit eine kontrollierte Doppelbrechung [Sto 84]. Wird linear polarisierte Strahlung in Richtung einer dieser Achsen eingekoppelt, so ist die Propagation der Strahlung polarisationsstabil, da die intrinsische Doppelbrechung von polarisationserhaltenden Fasern deutlich größer als die durch

mechanische und thermische Belastung induzierte Doppelbrechung ist [Zha 93]. Mechanische Belastungen wirken sich damit nicht auf den Polarisationszustand von Strahlung
aus, die entlang einer Hauptachse einer polarisationserhaltenden Faser propagiert.

2.4.2 Räumliche Modenanpassung

Für einen effizienten Strahlungstransport über Grundmode-Glasfasern muß die Strahlung
eines Diodenlasers mit großer Effizienz in die Glasfaser eingekoppelt werden. Diese Einkoppeleffizienz läßt sich als das Verhältnis der emittierten Leistung aus dem Faserende
zur Strahlleistung des Lasers definieren. Dabei sei die Dämpfung aufgrund von Verlusten
während der Propagation durch die Faser vernachlässigt, was bei kurzen Faserstrecken
gerechtfertigt ist. Um eine große Koppeleffizienz zu erreichen, ist eine Anpassung der im
allgemeinen unterschiedlichen Modenprofile von Diodenlaser und Grundmode-Glasfaser
notwendig [Rat 97], [Wen 83]. Für den Diodenlaser ergibt sich nach Kap. 2.1.2 ein elliptisches Profil mit einem Verhältnis von $w_{x,DL}/w_{y,DL} = 2,5$ [Phi 96] für die Modenfelddurchmesser in Richtung senkrecht ($w_{x,DL}$) und parallel ($w_{y,DL}$) zum pn-Übergang. Für eine
hochdoppelbrechende polarisationserhaltende Faser (HB 750, Fibercore, Großbritannien)
ist die Elliptizität $w_{x,F}/w_{y,F} = 1,3$ (Modenfelddurchmesser in Richtung der Hauptachsen). Die Anpassung dieser unterschiedlichen Elliptizitäten und Modenfelddurchmesser w
läßt sich durch eine entsprechende Optik zwischen Diodenlaser und Glasfaser realisieren.
Die Kopplungseffizienz η_{kopp} für zwei gegebene Modenverteilungen läßt sich theoretisch
in guter Näherung durch das Überlappintegral der Feldverteilungen für Diodenlaser E_{DL}
und Faser E_F beschreiben [Wag 82]:

$$\eta_{kopp} = \left| \frac{\iint_{-\infty}^{+\infty} E_{DL}(x,y) E_F(x,y) e^{-i\Delta\Phi(x,y)} \, dx \, dy}{\iint_{-\infty}^{+\infty} E_{DL}(x,y) \, dx \, dy \ \iint_{-\infty}^{+\infty} E_F(x,y) \, dx \, dy} \right|. \tag{2.28}$$

Darin bezeichnet $\Delta\Phi(x,y)$ die Phasendifferenz über dem Strahlquerschnitt zwischen beiden Feldern in einer gemeinsamen Referenzebene zwischen Diodenlaser und Faser. Die
maximale Effizienz erhält man nach Gl. 2.28, wenn beide Feldverteilungen identisch sind
und die Phasendifferenz für alle Punkte der Referenzebene null ist. Um diesem Zustand
auf experimentellem Weg möglichst nahe zu kommen, ist die Anpassung der Modenel-
liptizitäten z.B. durch eine Zylinderlinsen-Kombination notwendig. Die Anpassung der
Modenfelddurchmesser kann mit Hilfe einer Kollimationslinse nach dem Diodenlaser und
einer Fokussierlinse vor der Faser erreicht werden.
Der optische und mechanische Aufwand für die Diodenlaser-Faser-Kopplung kann verringert werden, wenn auf eine Anpassung der Elliptizität beider Moden verzichtet wird. Für
einen solchen Fall zeigt Abb. 2.6 die berechnete Koppeleffizienz η_{kopp} für den Überlapp
zweier elliptischer Moden in Abhängigkeit des Größenverhältnisses v_y zwischen Modenfelddurchmesser des Diodenlasers auf der Faserendfläche und dem Modenfelddurchmesser
der Faser in y-Richtung:

$$v_y = \frac{w'_{y,DL}}{w_{y,F}}. \tag{2.29}$$

Der Modenfelddurchmesser des Diodenlasers auf der Faserendfläche ist dabei durch die Vergrößerung m_{op} der verwendeten Optik gegeben:

$$w'_{y,DL} = m_{op}\, w_{y,DL}.$$ (2.30)

Aus den Gleichungen 2.29 und 2.30 erhält man den Zusammenhang zwischen dem berechneten optimalen Modenfeldverhältnis und der daraus resultierenden Vergrößerung der Optik:

$$m_{op} = v_y\, \frac{w_{y,F}}{w_{y,DL}}.$$ (2.31)

Für die Berechnung des optimalen Modenfeldverhältnisses wurden elliptische Gaußsche Verteilungen mit einem Achsverhältnis von 2,5 für den Diodenlaser und 1,3 für die Faser angenommen. Die maximale Koppeleffizienz von $\eta_{kopp,max} = 0,90$ wird nach Abb. 2.6 für ein Größenverhältnis von $v_{y,max} = 0,72$ erreicht.

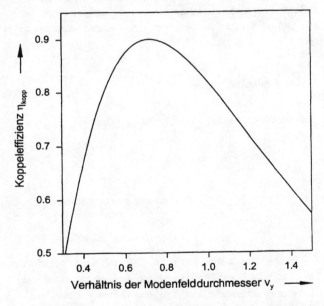

Abbildung 2.6: Berechnete Koppeleffizienz nach Gl. 2.28 für zwei elliptische Modenfelder mit den Achsverhältnissen von 2,5 und 1,3 (Gaußsche Verteilungen).

Die Reduzierung des optischen Aufwandes um eine Zylinderlinsen-Kombination führt entspechend dieser Rechnung zu einer Reduzierung der maximal möglichen Koppeleffizienz um 10 %. Dieser maximale Wert gilt jedoch nur im Idealfall ohne Phasenfrontdeformationen ($\Delta\phi(x,y) = 0$) und Gaußschen Leistungsdichteverteilungen für Diodenlaser und Faser.

2.4.3   Polarisationserhaltung

Eine kohärente Leistungsaddition setzt voraus, daß der Polarisationszustand der zu über-
lagernden Strahlen gleich ist. Für die Diodenlaser ist dies gewährleistet, da deren Strah-
lungsfeld parallel zum pn-Übergang linear polarisiert ist [Nem 94]. Da für den Energie-
transport vom Laser zum Werkstück über Glasfasern eine Erhaltung des Polarisationszu-
stands erforderlich ist, müssen polarisationserhaltende Fasern eingesetzt werden. Abb. 2.7
zeigt den Querschnitt einer solchen Faser. Um den Kern herum sind in y-Richtung bo-
genförmige Bereiche angeordnet, die aus einem anderen Material als der Rest des Mantels bestehen. Durch diese anisotrope Materialinhomogenität kommt es im Bereich des
Kerns zu Spannungen und damit zu einer intrinsischen Doppelbrechung, d.h. zu zwei
Hauptachsen mit unterschiedlichen Brechungsindizes [Jeu 90]. Für die Erhaltung einer
linearen Polarisation während der Propagation durch eine solche Faser, muß die Polarisationsrichtung der eingekoppelten Strahlung mit der Richtung einer Hauptachse der Faser
übereinstimmen. Trifft dies nicht zu, kommt es in Abhängigkeit von Temperatur und mechanischer Belastung der Faser zu Änderungen des Polarisationszustandes am Faserende
[Pap 75], [Zha 93].

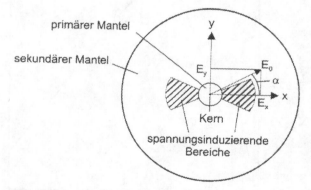

Abbildung 2.7: Querschnitt durch Kern und Mantel einer polarisationserhaltenden
Grundmode-Glasfaser. Die bogenförmigen Materialinhomogenitäten induzieren Materialspannungen und damit unterschiedliche Brechungsindizes entlang der Hauptachsen. Bei
der Einkopplung eines in der Richtung α linear polarisierten Feldes E_0 kommt es zu einer
Aufteilung in die Feldanteile E_x und E_y in Richtung der Hauptachsen.

Die folgende Betrachtung liefert eine Abschätzung der Leistungsverluste bei einer nicht
optimalen Justage der Hauptachsenrichtung der Faser zur Polarisationsrichtung der eingekoppelten Strahlung. Die Einkopplung von linear polarisierter Strahlung mit der Amplitude E_0 in eine polarisationserhaltende Faser läßt sich durch die Aufteilung in die zwei
senkrecht zueinander stehenden Feldanteile E_x und E_y, entsprechend den Hauptachsen-

richtungen der Faser (Abb. 2.7), beschreiben:

$$E_x = E_0 \cos(\alpha), \qquad E_y = E_0 \sin(\alpha). \tag{2.32}$$

Während der Propagation durch die Faser bleibt das Amplitudenverhältnis der Feldanteile in den Hauptachsen konstant, da es zu keinem Energietransfer zwischen den orthogonalen Polarisationsmoden kommt [Jeu 90]. Die Phasenbeziehung zwischen den Feldanteilen am Faserende ist durch die Brechungsindexdifferenz zwischen den Hauptachsen gegeben. Diese Differenz variiert unter einer mechanischen Belastung der Faser und ist damit zeitlich nicht stabil. Es ergibt sich eine zeitlich instabile Polarisationsrichtung. Diese Instabilität kann nur unterdrückt werden, wenn der Feldanteil in Richtung einer Hauptachse gleich null ist.

Setzt man den Winkel α zwischen E_0 und E_x als Justagefehler der Faserhauptachse in der x-Richtung relativ zur Richtung von E_0 an, so entspricht der Feldanteil E_y dem resultierenden Leistungsverlust $I_y \sim E_y^2$. Für den relativen Leistungsverlust aufgrund der Winkelabweichung α gilt:

$$\frac{I_y}{I_0} = \left(\frac{E_0 \sin(\alpha)}{E_0}\right)^2 = \sin^2(\alpha) \approx \alpha^2 \qquad \text{für kleine Werte von } \alpha. \tag{2.33}$$

Bei einer Winkelabweichung von $\alpha = 5°$ bedeutet das einen relativen Leistungsverlust von $0{,}8\,\%$, bei einer Abweichung um $10°$ nimmt dieser Anteil auf $3\,\%$ zu. Die Justage der Hauptachsenrichtung einer polarisationserhaltenden Faser ist damit für den technisch relevanten Einsatz unkritisch.

2.4.4 Propagation in Grundmode-Glasfasern bei mechanischer und thermischer Belastung

Da eine Grundmode-Glasfaser ein Wellenleiter ist, ergibt sich aus jeder Änderung der geometrischen Struktur oder des Brechungsindexprofils eine Änderung der Wellenleitung. Diese Änderungen haben Auswirkungen auf die Amplitude (Leistungsverlust), die Phase (Phasenfluktuationen) oder die Polarisation der propagierenden Lichtwelle. Solche Änderungen bzw. Belastungen und deren Auswirkungen sind im einzelnen:

Biegung der Faser
Durch eine Biegung der Faser ergibt sich eine spannungsinduzierte Doppelbrechung, da nicht rotationssymmetrische Zug- und Druckspannungen auf den Wellenleiter wirken [Ulr 80]. Diese Doppelbrechung führt zu einer Änderung des Polarisationszustandes einer durch die Faser propagierenden Lichtwelle. Bei starken Krümmungen des Wellenleiters wird die Totalreflexionsbedingung zwischen Kern und Mantel überschritten und es kommt neben der Doppelbrechung zusätzlich zu Leistungsverlusten.

Zug- und Druckspannungen
In longitudinaler Richtung haben Zug- und Druckspannungen aus Symmetriegründen keinen Einfluß auf die laterale Wellenleiterstruktur. Es ergibt sich jedoch eine Änderung der

geometrischen Länge und des Brechungsindexes der Faser, die der Spannung proportional
ist [Jeu 90] und zu Phasenänderungen führt. Spannungen in lateraler Richtung führen,
vergleichbar mit Faserbiegungen, ebenfalls zu induzierter Doppelbrechung [Smi 80].

Torsion

Die Torsion führt zu einer Scherspannung und dementsprechend zu einer zirkularen Doppelbrechung [Ulr 79]. Im Vergleich zu einer lateralen Spannung oder Biegung der Faser,
aus denen lineare Polarisations-Eigenmoden folgen, sind die Eigenmoden einer tordierten
Faser zirkular polarisiert.

Temperatur

Eine Temperaturänderung der Faser führt zu einer Längenänderung und einer Änderung
des Brechungsindex. Dabei ist die Auswirkung auf die Propagation durch die Änderung
des Brechungsindex für Quarzglasfasern um ca. zwei Größenordnungen größer als die der
Längenänderung und damit für den Einfluß der Temperatur bestimmend [Lag 81]. Beide
Effekte bewirken eine Phasenänderung der Lichtwelle während der Propagation durch die
Faser.

Die experimentell bestimmte Phasenänderung ist nach [Lag 81] für eine Grundmodefaser:

$$\frac{\Delta \Phi}{\Phi \, \Delta T} = 0,68 \cdot 10^{-5} \, \frac{1}{K}. \tag{2.34}$$

Für eine Faser mit der Länge $L = 3$ m und eine Wellenlänge von $\lambda = 675$ nm ergibt sich
aus Gl. 2.34 eine Phasenänderung bei einer Temperaturänderung um $\Delta T = 1$ Kvon:

$$\Delta \Phi = 0,68 \cdot 10^{-5} \, \frac{1}{K} \cdot \Phi \, \Delta T = 0,68 \cdot 10^{-5} \, \frac{1}{K} \cdot \frac{2\pi}{\lambda} \, n \, L \, \Delta T = 285 \text{ rad}. \tag{2.35}$$

Schon sehr kleine Temperaturänderungen haben damit einen großen Einfluß auf die Phase
der propagierenden Lichtwelle.

Die beschriebenen Effekte treffen sowohl für Standard-Grundmodefasern als auch für polarisationserhaltende Fasern zu. Krümmungsradien, bei denen ein Leistungsverlust auftritt,
werden z.B. im industriellen Einsatz der Fasern aufgrund der mechanischen Schutzmäntel
um Mantel und Kern nicht erreicht. Bei einer üblichen Belastung der Faser können die
Auswirkungen auf die Amplitude der propagierenden Lichtwelle damit vernachlässigt werden. Phasenfluktuationen treten jedoch schon bei einer Längenänderung der Faser um
Bruchteile der Lichtwellenlänge auf. Diese Längenänderung wird bei den beschriebenen
Effekten schnell erreicht. Für die kohärente Überlagerung von fasergekoppelten Diodenlasern ist deshalb eine aktive Stabilisierung der Phasen notwendig.

3 Voruntersuchungen und Modellrechnungen

Wie im vorherigen Kapitel skizziert, sind die wissenschaftlichen Ergebnisse zur kohärenten Kopplung von Lasern sowie der Diodenlaser-Faser-Kopplung in der Literatur detailliert dokumentiert. Entsprechend der Orientierung dieser Arbeit werden diese Ergebnisse verwendet, um die Realisierbarkeit eines skalierbaren Systems zur kohärenten Kopplung von Diodenlasern zu demonstrieren. In den folgenden Unterkapiteln werden Voruntersuchungen beschrieben, die die Umsetzung der wissenschaftlichen Ergebnisse in ein Systemkonzept und ein System ermöglichen.

3.1 Injection-Locking

Die prinzipielle Funktion des Injection-Locking wurde in der Vergangenheit für Diodenlaser erfolgreich nachgewiesen (vgl. Kap. 2.3.1). Die im Rahmen dieser Arbeit durchgeführten Untersuchungen zum Injection-Locking haben das Ziel, diese Ergebnisse in einem System umzusetzen und auf Stabilität und technischen Aufwand hin zu überprüfen.

3.1.1 Spektrale Leistungsdichteverteilung von Diodenlasern

Diodenlaser-Oszillatoren der höheren Leistungsklasse sind derzeit kommerziell nur in der Form mit Fabry-Perot-Resonator verfügbar. Aus diesem Grund wurde dieser Typ auch für das hier beschriebene System verwendet.

Für einen solchen Diodenlaser resultiert die spektrale Leistungsdichteverteilung aus den diskreten Moden des Fabry-Perot-Resonators und des breitbandigen Verstärkungsspektrums des aktiven Mediums. Im allgemeinen ergibt sich daraus im Betrieb des Lasers ein Spektrum von mehreren diskreten Moden mit unterschiedlichen Modenleistungen. Abb. 3.1 zeigt das Spektrum für einen solchen Diodenlaser (TOLD 9140, Toshiba, Japan, P = 20 mW) im Bereich von 693 bis 695,5 nm. Das Spektrum wurde mit einem Gittermonochromator (HRS.2, 1 m Brennweite, Jobin Yvon, Frankreich) mit einer spektralen Auflösung von ca. 0,02 nm aufgenommen.

Unter bestimmten Betriebsbedingungen ist für Fabry-Perot-Diodenlaser auch ein Ein-Frequenz-Betrieb möglich. Die Betriebsbedingungen, d.h. die Absolutwerte von Strom und Temperatur, sind dabei für jeden individuellen Diodenlaser verschieden. Zusätzlich ist für einen stabilen Betrieb die Unterdrückung von unkontrollierter optischer Rückkopplung notwendig. In Abb. 3.2 ist das Spektrum eines Fabry-Perot-Diodenlasers (CQL 806/D, Philips, Niederlande, P = 20 mW) im Ein-Frequenz-Betrieb in einfach-logarithmischer

Auftragung dargestellt. Der Laser emittiert mit nur einer Mode bei einer Wellenlänge
von ca. 674 nm.

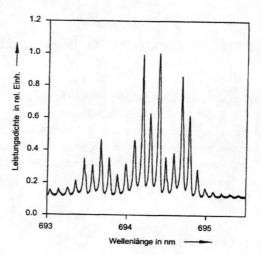

Abbildung 3.1: Gemessene spektrale Leistungsdichteverteilung eines Diodenlasers mit
Fabry-Perot-Resonator unter dem Einfluß einer optischen Rückkopplung. Das Spektrum
zeigt 15 Resonatormoden mit signifikanter Modenleistung.

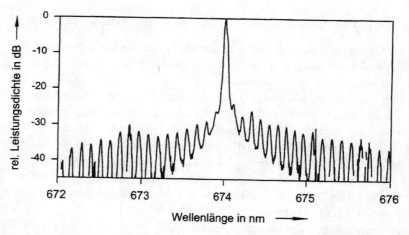

Abbildung 3.2: Gemessene spektrale Leistungsdichteverteilung eines Diodenlasers mit
Fabry-Perot-Resonator im Ein-Frequenz-Betrieb. Das maximales Leistungsverhältnis zwischen Seitenmoden und Hauptmode beträgt -24 dB.

Die Seitenmoden haben relativ zur Hauptmode ein maximales Leistungsverhältnis von
−24 dB. Ein Diodenlaser in diesem Betriebszustand ist für den Einsatz als Master in
einem Injection-Locking-Prozeß einsetzbar.

Die Resonatoreigenschaften sind vom Betriebsstrom und der Temperatur des Diodenlaser-
Chips abhängig. Für einen Diodenlaser im roten Spektralbereich (CQL 806/D) wurde die
absolute spektrale Lage der Longitudinalmoden in Abhängigkeit von Betriebsstrom I_B
und Gehäusetemperatur T_G vermessen.

Die Stromabhängigkeit der Wellenlänge $\frac{\Delta\lambda}{\Delta I}$ im Ein-Frequenz-Betrieb wurde mit Hilfe eines
Fabry-Perot-Interferometers bei konstanter Gehäusetemperatur des Diodenlasers gemes-
sen und beträgt

$$\frac{\Delta\lambda}{\Delta I_B} = 5,4 \cdot 10^{-3} \, \frac{\text{nm}}{\text{mA}}. \tag{3.1}$$

Bezüglich der Frequenzskala ergibt sich nach Gl. 2.5:

$$\frac{\Delta\nu}{\Delta I_B} = 3,6 \, \frac{\text{GHz}}{\text{mA}}. \tag{3.2}$$

Für die Messung der Temperaturabhängigkeit der Wellenlänge $\frac{\Delta\lambda}{\Delta T_G}$ wurden bei konstantem Strom für unterschiedliche Gehäusetemperaturen Spektren im Mehrmodenbetrieb
eines Diodenlasers (TOLD 9140) aufgenommen (Abb. 3.3).   Zur Relativkalibrierung der

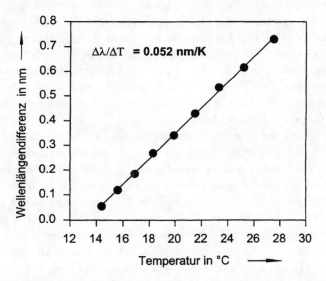

Abbildung 3.3: Wellenlängenverschiebung der Fabry-Perot-Moden eines Diodenlasers in
Abhängigkeit der Gehäusetemperatur.

Einzelmessungen diente ein frequenzstabiler Referenzlaser. Aus diesen Spektren läßt sich die Wellenlängendifferenz der Longitudinalmoden zum Referenzlaser und damit die Verschiebung der Wellenlänge in Abhängigkeit von der Temperatur bestimmen. Aus einer linearen Regression der Werte über einen Temperaturbereich von 14 K erhält man den Gradienten

$$\frac{\Delta\lambda}{\Delta T_G} = 0,052\ \frac{\text{nm}}{\text{K}} \qquad \text{bzw.} \qquad \frac{\Delta\nu}{\Delta T_G} = 34,2\ \frac{\text{GHz}}{\text{K}}. \tag{3.3}$$

Für die stabile Funktion des Injection-Locking muß die Differenz zwischen Master- und Slave-Frequenz innerhalb des durch Gl. 2.23 gegebenen Locking-Range liegen. Für die diskreten Moden des Fabry-Perot-Resonators bedeutet das eine Übereinstimmung der Modenfrequenzen von Master und Slave innerhalb des durch den Locking-Range gegebenen Frequenzbandes. Dies kann durch die Abstimmung von Betriebsstrom und Temperatur der Diodenlaser erreicht werden. Die erforderliche Stabilität für Strom und Temperatur beim Injection-Locking-Prozeß wird weiter unten diskutiert.

3.1.2　Dynamische Kohärenzmessung

Das Ziel und damit das grundlegende Charakteristikum des Injection-Locking-Prozesses ist das Erreichen eines großen Kohärenzgrades zwischen Master- und Slave-Emission. Für die Qualifizierung des Prozesses ist die Bestimmung der Kreuzkohärenz in Abhängigkeit der Betriebsparameter der am Prozeß beteiligten Diodenlaser notwendig.

Die Messung der Kreuzkohärenz zwischen zwei Lichtfeldern ist über die interferometrische Überlagerung der Felder und die Bestimmung des Kontrastes des Interferogramms möglich (vgl. Kap. 2.2). Für eine feste Phasenbeziehung zwischen beiden Lichtfeldern ergibt sich aus der räumlichen Leistungsdichtemodulation am Ort des Interferogramms der Kontrast. Bei einem dynamischen Verfahren wird die Phasendifferenz zwischen den Lichtfeldern zeitlich moduliert. Der Kontrast läßt sich dann aus der Amplitude des Detektorsignals von einem nun ortsfesten Detektor bestimmen.

Für die Qualifizierung des Injection-Locking-Prozesses wurde ein solches dynamisches Verfahren angewendet. Das Meßprinzip ergibt sich aus der schematischen Darstellung in Abb. 3.4. Dem Betriebsstrom des Master-Lasers $I_{B,M}$ wird über die Stromversorgung ein Sägezahnsignal mit einer Frequenz von ca. 30 Hz und einer Amplitude von $\Delta I_{B,M} = 4,5$ mA aufmoduliert. Dies führt dazu, daß die Emissionsfrequenz des Masters nach Gl. 3.1 um 16,2 GHz moduliert wird. Dabei muß sichergestellt sein, daß der Master für den gesamten Strombereich im Ein-Frequenz-Betriebszustand arbeitet.

Aufgrund der unterschiedlichen optischen Wege von Master und Slave zum Detektor ergibt sich aus der Frequenzmodulation des Masters und des Slaves eine Modulation der Phasendifferenz zwischen beiden Lichtfeldern am Ort des Detektors.

Das modulierte Detektorsignal wird auf die y-Ablenkung eines Digital-Oszilloskops gegeben, dessen x-Ablenkung an den Triggerausgang der Laser-Stromversorgung angeschlossen ist. Das Signal auf dem Oszilloskop entspricht der Kreuzkohärenz zwischen Master und Slave in Abhängigkeit der Frequenzdifferenz zwischen Master und solitärem Slave. Zur

Berechnung der Kohärenzfunktion aus den Minima und Maxima dieses Signals werden die Daten aus dem Oszilloskop in einen Computer eingelesen. Das Ergebnis einer solchen Messung zeigt Abb. 3.5.

Der Vorteil dieser Art von Messung ist, daß die Kohärenz zwischen Master und Slave für einen relativ großen Bereich der Frequenzdifferenz von 16,2 GHz sehr schnell gemessen werden kann. Damit erhält man einen kontinuierlichen Überblick über den interessanten Bereich des Locking-Range, was u.a. bei der Justage der Einkopplung des Master-Strahls in die Slave-Laser für das Injection-Locking sehr hilfreich ist.

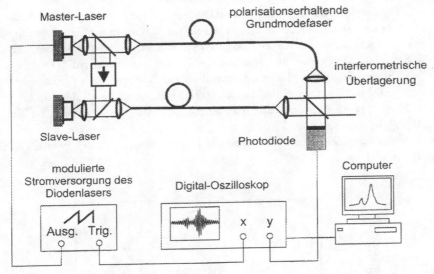

Abbildung 3.4: Experimenteller Aufbau zur dynamischen Kohärenzmessung. Das zeitabhängige Signal der interferometrischen Überlagerung wird mit Hilfe eines Oszilloskops in Abhängigkeit des Betriebsstroms des Master-Lasers gemessen. Die Berechnung des Kohärenzgrades aus den Daten geschieht mit einem Computer.

Bei der beschriebenen Messung der Kohärenz gehen nur Frequenzanteile der Phasenfluktuationen zwischen Master und Slave ein, die entsprechend der Beschreibung in Kap. 2.2.1 innerhalb der Mittelungszeit T_m der Messung liegen. Die Messung der zeitlich modulierten Leistungsdichte wird mit einer Photodiode und einem dazu parallel geschalteten Ohmschen Widerstand durchgeführt. Der Photostrom und die am Widerstand abfallende Spannung ist dabei bis zu einer maximalen Spannung proportional zur Lichtleistung auf der Photodiode. Die Grenzfrequenz für die Detektion ergibt sich bei dieser Messung aus der Sperrschichtkapazität der Photodiode und dem Widerstandswert, die zusammen einen Tiefpaß bilden. Für die verwendete Photodiode (Kantenlänge 1 mm, C = 15 pF) ergibt sich bei den verwendeten Widerständen (1 bis 100 kΩ) eine minimale Grenzfrequenz von

50 kHz. Zeitliche Phasenfluktuationen mit Frequenzen kleiner dieser Detektionsfrequenz werden im Rahmen dieser Messungen als Phasenstörungen behandelt und tragen nicht zu einer Reduzierung des gemessenen Kohärenzgrades bei.

3.1.3   Stabilität der Betriebsparameter

Die Betriebsparameter der Diodenlaser im Injection-Locking-Prozeß sind neben Betriebs-strom und Temperatur auch die optische Rückkopplung von externen optischen Elementen und die Einkopplung des externen Master-Feldes. Das Kriterium für die notwendige Sta-bilität dieser Parameter ist der Kohärenzgrad zwischen Master- und Slave-Laser. Abb. 3.5 zeigt die typische Abhängigkeit des Kohärenzgrades von der Frequenzdifferenz zwischen Master und Slave. Diese Messung wurde mit der oben beschriebenen dynamischen Me-thode durchgeführt. Setzt man als Stabilitätskriterium einen Abfall der Kohärenz um 10 % des Maximalwertes an, so erhält man eine volle Breite von $2 \cdot \delta\nu = 0,7$ GHz. Die notwendige Regelgenauigkeit von Strom und Temperatur der Slave-Laser muß nach die-sem Kriterium ausreichen, um die Frequenz der Longitudinalmoden auf $\delta\nu = \pm 0,35$ GHz zu stabilisieren.

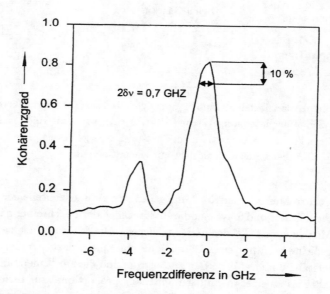

Abbildung 3.5: Kohärenzgrad eines Slave-Lasers in Abhängigkeit der Frequenzdifferenz zwischen Master und Slave. Eine Änderung der Frequenz um 0,7 GHz führt zu einer Abnahme des Kohärenzgrades um 10 %.

Stromstabilität

Aus der notwendigen Frequenzstabilität folgt nach Gl. 3.1 eine Stromstabilität von:

$$\delta I_B = \delta \nu \cdot \left(\frac{\Delta \nu}{\Delta I}\right)^{-1} = 0,35\,\text{GHz} \cdot \left(3,6\,\frac{\text{GHz}}{\text{mA}}\right)^{-1} = 0,10\,\text{mA}. \tag{3.4}$$

Diese Anforderung wird von marktüblichen Diodenlasertreibern gut erfüllt. Nach Herstellerangaben für den im System verwendeten Treiber (LDD 100 1P, Wavelength Electronics Inc., USA) ist die Stromstabilität über 24 Stunden besser als 50 ppm (entspricht 3 μA bei 60 mA Betriebsstrom). Das Stromrauschen wird mit kleiner 5 μA angegeben (entspricht $\Delta \nu$ =17 MHz).

Temperaturstabilität

Die resultierende notwendige Temperaturstabilität ist nach Gl. 3.3:

$$\delta T_G = \delta \nu \cdot \left(\frac{\Delta \nu}{\Delta T}\right)^{-1} = 0,35\,\text{GHz} \cdot \left(34,2\,\frac{\text{GHz}}{\text{K}}\right)^{-1} = 10\,\text{mK}. \tag{3.5}$$

Um diesen Wert zu erreichen, ist zum einen eine hochstabile Temperaturregelung und zum anderen eine sehr gute thermische Entkopplung des Diodenlasers von der Umgebung notwendig. Mit einer kostengünstigen kommerziellen Regelung (HY-5610, Hytek Microsystems Inc., USA), die für den Aufbau des beschriebenen Systems verwendet wurde, soll nach Herstellerangaben eine Stabilität von besser als 20 mK erreichbar sein. Um diesen Wert tatsächlich zu erreichen, bedarf es allerdings der erwähnten Entkopplung von der Raumluftkonvektion. Aufgrund der gleichen Wirkung von Strom und Temperatur auf den Diodenlaser kann eine mangelnde Temperaturstabilität durch eine entsprechende Stromregelung kompensiert werden.

Optische Rückkopplung

Die Rückkopplung von Strahlleistung durch externe optische Elemente in den Laserresonator führt zu kohärenzmindernden Effekten [Len 85]. Um diese auszuschließen, ist es erforderlich, Komponenten mit entsprechender Entspiegelung zu verwenden. Bei der Einkopplung in Fasern hat sich die Schrägpolitur der Faserendflächen bewährt, mit der die Rückkopplung um bis zu −60 dB gedämpft werden kann [You 89].

Master-Einkopplung

Der Locking-Range ist unter anderem von der in die Slave-Laser eingekoppelten Master-Leistung abhängig. Für einen stabilen Prozeß ist daher eine stabile Leistungseinkopplung notwendig. Diese entspricht einer Einkopplung in einen Grundmode-Wellenleiter und damit auch den dafür geltenden Positionstoleranzen, die vom optomechanischen Aufbau erfüllt werden müssen.

3.2 Phasenstörungen in Grundmode-Glasfasern durch mechanische Belastung

Bei der Verwendung von Glasfasern im industriellen Einsatz eines Lasersystems kommt es zwangsläufig zu Bewegungen und damit zu mechanischen Belastungen der Glasfasern. Diese Belastungen führen zu Deformationen und damit zu Änderungen in den optischen Eigenschaften der Fasern. Deren Auswirkungen wurden in Kap. 2.4.4 erläutert. Experimentelle Untersuchungen zu den unterschiedlichen Effekten der mechanischen Belastung sind in der Literatur ausreichend dokumentiert, um die theoretischen Beschreibungen als verifiziert anzusehen.

Ziel der Untersuchungen im Rahmen dieser Arbeit ist es deshalb, die Relevanz dieser Ergebnisse in bezug auf einen konkreten technischen Einsatz hin zu qualifizieren. Aus diesem Grund wurde ein Experiment durchgeführt, das die obere Belastungsgrenze in einem industriellen Einsatz simulieren sollte.

3.2.1 Experiment zur Messung von Phasenfluktuationen

Der experimentelle Aufbau zur Messung der Phasenstörungen besteht im wesentlichen aus einem Mach-Zehnder-Interferometer (Abb. 3.6). In einen Ast wird die polarisationserhaltende Grundmode-Glasfaser eingefügt. Als Lichtquelle dient ein strom- und temperaturstabilisierter Diodenlaser im Ein-Frequenz-Betrieb (TOLD 9140). Der Diodenlaser wird durch zwei optische Isolatoren vor Rückkopplungen aus dem Interferometer geschützt. Zur Simulation der mechanischen Belastung wird die Faser durch eine Apparatur auf einer freien Länge von ca. 0,5 m zu Schwingungen angeregt (Rüttelstrecke in Abb. 3.6). Die Anregung erfolgt durch einen Bügel, der aperiodisch gegen die frei bewegliche Faserlänge schlägt und damit zu statistischen und resonanzfreien Vibrationen und Biegungen der Faser führt.

Die Ausgangsstrahlen des Mach-Zehnder-Interferometers werden auf einer schnellen Photodiode überlagert und auf den Eingang eines Digital-Oszilloskops gegeben. Um Frequenzkomponenten oberhalb der Abtastfrequenz des Oszilloskops zu dämpfen, ist der Photodiode ein Tiefpaß mit angepaßter Grenzfrequenz nachgeschaltet.

Das Digital-Oszilloskop wird nach abgeschlossener Messung über einen Computer ausgelesen und die zeitdiskretisierten Daten mittels eines schnellen Fourier-Transformations-Algorithmus in eine spektrale Leistungsdichteverteilung umgerechnet. Um eine hohe Frequenzauflösung für das Spektrum zu erreichen, wird die Messung einer Zeitreihe mit dem Oszilloskop mehrere Male durchgeführt.

Die verwendete Stufenindex-Faser (Typ F-SPV, Newport Corp., USA) hatte einen Glasmanteldurchmesser von 125 μm und einen Acrylat-Schutzmantel mit einem Durchmesser von 245 μm. Im industriellen Einsatz wird eine solche Faser durch zusätzliche Mantelschichten vor mechanischer Beschädigung geschützt, die zu einer weiteren Dämpfung der Faserschwingungen führen. Aus diesem Grund kann das hier durchgeführte Experiment

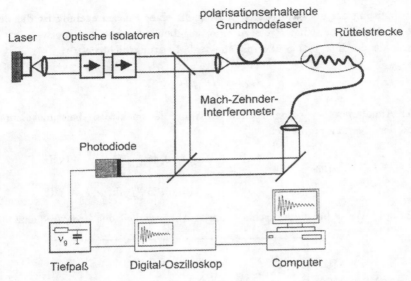

Abbildung 3.6: Experimenteller Aufbau zur Vermessung von Phasenfluktuationen bei der Propagation einer Lichtwelle durch eine Grundmode-Glasfaser. Die Phasenfluktuationen werden über die interferometrische Überlagerung mit einem Mach-Zehnder-Interferometer bestimmt. Mit Hilfe der Rüttelstrecke wird die Faser während der Messung mechanisch belastet.

nur der oberen Belastungsgrenze entsprechen, nicht aber den tatsächlichen Verhältnissen eines industriellen Einsatzes.

3.2.2   Meßergebnis und Diskussion

Das beschriebene Experiment wurde mit unterschiedlichen Grenzfrequenzen für die Detektion durchgeführt. Das Ergebnis für den aussagekräftigsten Frequenzbereich bis 125 kHz ist in Abb. 3.7 dargestellt. Für die Messung wurden 64 Zeitintervalle mit einer Länge von je 2,04 ms mit jeweils 512 zeitdiskretisierten Meßwerten aufgenommen. Daraus folgt bei einer Mittelung über je 20 benachbarte Frequenzwerte eine Frequenzauflösung von 80 Hz. Kurve (a) entspricht den oben beschriebenen experimentellen Bedingungen unter Belastung der Faser. Kurve (b) zeigt eine Nullmessung der Meßelektronik zur Quantifizierung der Rauschgrenze des Meßaufbaus. In Kurve (a) zeigen sich keine Resonanzen. Dies belegt, daß die mechanische Anregung im Experiment rein statistisch erfolgt und die Faser frei schwingen kann. Bei genauerer Analyse des Kurvenverlaufs zeigt sich in der logarithmischen Auftragung ein linearer Abfall von 0,45 dB/kHz bis zu einer Frequenz von 40 kHz und ein Abfall von 0,25 dB/kHz für Frequenzen oberhalb von 40 kHz.

Für die Ableitung der notwendigen Grenzfrequenz einer Phasenregelung ist die Berechnung der spektralen Leistung P bis zu einer gegebenen Frequenz ν_0 notwendig. Diese erhält man aus der Integration über die spektrale Leistungsdichte $p(\nu)$:

$$P\left(\nu_0\right) = \int_0^{\nu_0} p\left(\nu\right) df. \tag{3.6}$$

Unter der Annahme einer exponentiellen Abnahme der spektralen Leistungsdichte entsprechend der Messung ergibt sich

$$P\left(\nu_0\right) = \int_0^{\nu_0} e^{-\alpha \ln(10)\nu}\, d\nu \qquad \text{mit} \qquad \alpha = \left\{ \begin{array}{l} -0,45\,\frac{\text{dB}}{\text{kHz}}\ \text{für } \nu \leq 40\,\text{kHz} \\[2mm] -0,25\,\frac{\text{dB}}{\text{kHz}}\ \text{für } \nu > 40\,\text{kHz} \end{array} \right\}. \tag{3.7}$$

Tabelle 3.1 gibt Werte für die Rauschleistung in Abhängigkeit der Grenzfrequenz ν_0 an.

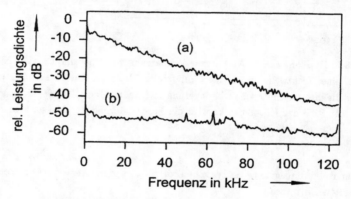

Abbildung 3.7: Spektrale Leistung der Phasenfluktuationen aufgrund von mechanischer Belastung einer Grundmodefaser. (a) unter Belastung der Faser, (b) Nullmessung der Meßelektronik zur Quantifizierung des Rauschniveaus.

ν_0 [kHz]	10	20	30	40	50	60
$\frac{(1-P(\nu_0))}{P(\infty)}\cdot 100$ [%]	35,5	12,6	4,4	1,6	0,6	0,2

Tabelle 3.1: Nach Gl. 3.7 berechnete integrierte spektrale Leistung bis zu einer Grenzfrequenz ν_0, normiert auf die Gesamtleistung $P\left(\infty\right)$.

Um die residuale spektrale Rauschleistung auf z.B. 4,4 % zu beschränken, ist demnach eine Grenzfrequenz von ca. 30 kHz für eine Phasenregelung unter den beschriebenen experimentellen Bedingungen notwendig.

Da das durchgeführte Experiment einen extremen Grenzfall beschreibt, muß für eine spezielle Anwendung mit gedämpften Faservibrationen die Grenzfrequenz nach dem beschriebenen Verfahren bestimmt werden. Für die Realisierung eines Laboraufbaus ergeben sich die Phasenstörungen durch Temperaturänderungen der Fasern sowie durch mechanische Vibrationen des Aufbaus. Letztere sind durch entsprechende Resonanzfrequenzen im Bereich bis zu ca. 100 Hz charakterisiert. Für eine Phasenregelung unter Laborbedingungen ist damit die Anforderung an die Grenzfrequenz reduziert.

3.3 Modellrechnungen

Die Begleitung der experimentellen Untersuchungen durch Modellrechnungen schafft eine größere Effizienz bei der Systemauslegung und -optimierung. Die hier beschriebenen Rechnungen ermöglichen es, die optischen Komponenten im Lasersystemkopf aufeinander abzustimmen und darüber hinaus die Leistungsfähigkeit des Systems abzuschätzen und zu qualifizieren.

Nach einer Beschreibung der zu modellierenden optischen Konfiguration wird der verwendete Formalismus mit den notwendigen Näherungen erläutert. Im abschließenden Unterkapitel werden einige Ergebnisse der Modellrechnungen gezeigt und diskutiert.

3.3.1 Systembeschreibung

Das zu beschreibende System ist in Abb. 3.8 schematisch mit der Kennzeichnung der Systemparameter dargestellt. Mit Hilfe eines Linsenarrays und einer Fokussierlinse werden die zueinander teilkohärenten Strahlen in der Brennebene der Fokussierlinse überlagert. Diese Überlagerung entspricht dem Systemfernfeld $E_{sys}(u, v)$.

Das Linsenarray kollimiert die aus den Fasern austretende divergente Strahlung. Die resultierende Feldverteilung nach einer Einzellinse wird im folgenden als Einzelemitter-Feldverteilung $E_j(\xi, \eta)$ bezeichnet und entspricht einer Gaußschen Verteilung, die durch die harte Apertur der Einzellinsen beschnitten wird. Da die Linsen des Linsenarrays nominell gleiche Brennweiten haben und auch die Fasern bezüglich ihrer Emission gleich sind, kann für alle Einzelemitter die gleiche Feldverteilung $\hat{E}_0(\xi, \eta)$ angenommen werden. $\hat{E}_0(\xi, \eta)$ ist eine zweidimensionale Gaußsche Verteilung, deren Maximum auf 1 normiert und durch eine harte Apertur gegrenzt ist. Der einzige Unterschied zwischen den Einzelemittern ist die räumlich integrierte Strahlleistung. Diese wird durch das für jeden Einzelemitter individuelle Maximum der Feldverteilung $E_{j,\text{max}}$ berücksichtigt. Für die Einzelemitter-Feldverteilung in den kartesischen Einzelemitter-Koordinaten (ξ, η) folgt damit:

$$E_j(\xi, \eta) = E_{j,\text{max}} \hat{E}_0(\xi, \eta) = E_{j,\text{max}} e^{-\left(\frac{\xi^2}{r_\xi^2} + \frac{\eta^2}{r_\eta^2}\right)} \Theta(r_{ap} - r) \qquad (3.8)$$

$$\text{mit} \qquad \Theta(r_{ap} - r) = \left\{ \begin{array}{l} 1 \text{ für } r < r_{ap} \\ 0 \text{ für } r \geq r_{ap} \end{array} \right\}$$

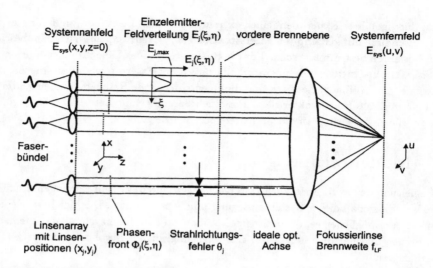

Abbildung 3.8: Schematische Darstellung des Systems, das mit Hilfe von Modellrechnungen beschrieben wird. Die aus den Fasern austretende Strahlung wird mit den Linsen des Linsenarrays kollimiert und dann gemeinsam mit einer Linse fokussiert.

Darin geben r_ξ und r_η die Strahlradien für einen im allgemeinen elliptischen Strahlquerschnitt an. Die Stufenfunktion Θ beschreibt in Gl. 3.8 die begrenzende harte rotationssymmetrische Apertur mit dem Radius r_{ap}. Die Verteilung $E_j(\xi, \eta)$ ist in Abb. 3.8 beispielhaft für einen Strahl in der Projektion in die ξ-Richtung dargestellt. Das Systemnahfeld $E_{sys}(x, y)$ entspricht dann der Summe aller Einzelemitter-Feldverteilungen.

Die Einzelstrahlen hinter dem Linsenarray haben im allgemeinen aufgrund von Positionsfehlern der Faserenden relativ zu den Einzellinsen einen Strahlrichtungsfehler θ_j gegenüber der idealen optischen Achse. Die ideale optische Achse ist dabei durch die optische Achse der Fokussierlinse gegeben. Der Strahlrichtungsfehler θ_j ist damit definiert als Winkeldifferenz zwischen realer Strahlrichtung und der idealen optischen Achse. Dieser Winkelfehler entspricht einer Verkippung der Einzelemitter-Phasenfront $\Phi_j(\xi, \eta)$, die außerdem einen Offset bezüglich einer Referenzphase besitzen kann. Die Einzelemitter-Phasenfront Φ_j trägt zur vollständigen Beschreibung der Einzelemitter-Feldverteilungen bei, die im folgenden Unterkapitel detailliert angegeben wird. Deformationen der Phasenfront aufgrund von optischen Aberrationen werden im Rahmen der hier beschriebenen Modellrechnungen nicht berücksichtigt.

3.3.2 Theoretische Behandlung

Die Berechnung des Systemfernfeldes in der Brennebene der Fokussierlinse wird mittels Beugungsoptik durchgeführt. Dazu werden die Feldverteilungen der Einzelemitter zur System-Feldverteilung zusammengefaßt. Für einen differenzierteren Vergleich mit experimentellen Ergebnissen werden die formalen Zusammenhänge für den Fall partiell kohärenter Einzelemitter angegeben.

Beugungsoptik

Die Berechnungen der Feldverteilung $E\left(x',y',z\right)$ in einer Beobachtungsebene im Abstand z von einer Beugungsebene mit der Feldverteilung $E\left(x,y,z=0\right)$ ist über das Fresnelsche Beugungsintegral möglich [Lau 93]:

$$E\left(x',y',z\right) = \frac{e^{ikz}}{i\lambda z}\int\limits_{-\infty}^{+\infty}\!\!\!\int E\left(x,y\right)e^{\frac{ik}{2z}\left[(x'-x)^2+(y'-y)^2\right]}dx\,dy. \qquad (3.9)$$

Unter der Bedingung, daß der Abstand z zwischen Beobachtungs- und Beugungsebene deutlich größer als das Verhältnis zwischen Beugungsfläche (Ausdehnung von $E\left(x,y\right)$)und Wellenlänge λ ist, kann das Fresnelsche Beugungsintegral approximiert werden. In diesem Fall gilt die Näherungsbedingung $z >> \frac{\pi}{\lambda}\left(x^2+y^2\right)$ und die quadratischen Phasenterme in Gl. 3.9 können vernachlässigt werden (Fraunhofer- oder Fernfeldnäherung):

$$E\left(x',y',z\right) = A\left(x',y',z\right)\iint_{-\infty}^{+\infty} E\left(x,y\right)e^{-2\pi i\left(\frac{x'}{\lambda z}x+\frac{y'}{\lambda z}y\right)}dx\,dy \qquad (3.10)$$

$$\text{mit} \qquad A\left(x',y',z\right) = \frac{e^{ikz}}{i\lambda z}e^{\frac{ik}{\lambda z}\left[x'^2+y'^2\right]}. \qquad (3.11)$$

Bei dem betrachteten System mit einer fokussierenden Linse der Brennweite f_{LF} ergibt sich die Feldverteilung in der Beobachtungsebene (Systemfernfeld) $E\left(u,v\right)$ aus der Fourier-Transformierten $\mathcal{F}$ der Feldverteilung $E\left(x,y\right)$ in der vorderen Brennebene der Linse:

$$E\left(u,v\right) = A\left(u,v,f_{LF}\right)\iint_{+\infty}^{-\infty} E\left(x,y\right)e^{-2\pi i\left(\frac{u}{\lambda f_{LF}}x+\frac{v}{\lambda f_{LF}}y\right)}dx\,dy \qquad (3.12)$$

$$= A\left(u,v,f_{LF}\right)\mathcal{F}\left[E\left(x,y\right)\right]\left(\frac{u}{\lambda f_{LF}},\frac{v}{\lambda f_{LF}}\right). \qquad (3.13)$$

Die neuen Ortskoordinaten in der Beobachtungsebene sind:

$$u = \frac{x'f_{LF}}{z} \qquad \text{und} \qquad v = \frac{y'f_{LF}}{z}.$$

Für die Modellierung ist der Vergleich von Leistungsdichteverhältnissen in der Beobachtungsebene, d.h. mit $z = f_{LF} = const.$, ausreichend. Der Faktor $A\left(u,v,f_{LF}\right)$ ist nach Gl. 3.11 für feste Werte von z nur ein Phasenfaktor, der bei der Berechnung der Leistungsdichte aus dem Betragsquadrat der elektrischen Felder herausfällt ($\left|A\left(u,v,f_{LF}\right)\right|^2 = 1$). Aus diesem Grund kann der Faktor $A\left(u,v,f_{LF}\right)$ bei den weiteren Betrachtungen vernachlässigt werden.

Bei ideal kollimierten und parallelen Einzelstrahlen, d.h. einer ebenen Phasenfront über der Gesamtapertur, kann die Verteilung hinter dem Linsenarray mit der in der vorderen

Brennebene der Linse gleichgesetzt werden. Denn in diesem Fall ändert sich die Leistungsdichteverteilung und die Phasenfront nicht signifikant während der Propagation zwischen
Linsenarray und der vorderen Brennebene der fokussierenden Linse.

System-Feldverteilung

Die Nahfeldverteilung des Systems $E_{sys}(x, y)$ läßt sich als Summe aus den N Einzelfeldern
$E_j(\xi, \eta)$ beschreiben:

$$E_{sys}(x, y) = \sum_{j=1}^{N} E_j(\xi, \eta). \qquad (3.14)$$

Die Einzelemitter-Feldverteilung $E_j(\xi, \eta)$ bezieht sich auf die Einzelemitter-Koordinaten
(ξ, η) und setzt sich aus der in Gl. 3.8 angegebenen Verteilung und der Phasenfront
$\Phi_j(\xi, \eta)$ zusammen. Die Transformation der Einzelemitter-Koordinaten auf die System-
Koordinaten (x, y) erfolgt durch eine Verschiebung entsprechend der Positionen (x_j, y_j)
der Einzellinsen im Linsenarray:

$$\xi = x - x_j, \qquad (3.15)$$
$$\eta = y - y_j. \qquad (3.16)$$

Um die folgenden Rechnungen zu vereinfachen, wird bei den Phasenfronten nur ein Phasengradient $(\phi_{j,\xi}, \phi_{j,\eta})$ und eine Phasendifferenz $\Phi_{j,0}$ berücksichtigt. Die Phasendifferenz $\Phi_{j,0}$ bezieht sich auf eine für alle Emitter gleiche Referenzphase. Aberrationen aufgrund von Linsenfehlern werden nicht berücksichtigt. Die Phasenfronten der Einzelemitter
$\Phi_j(\xi, \eta)$ folgen aus der Summation von Phasendifferenz und -gradient:

$$\Phi_j(\xi, \eta) = \Phi_{j,0} + \phi_{j,\xi}\xi + \phi_{j,\eta}\eta. \qquad (3.17)$$

Zwischen den Phasenfrontgradienten $\phi_{j,\xi}$ und $\phi_{j,\eta}$ und den Strahlrichtungsfehlern $\theta_{j,\xi}$ und
$\theta_{j,\eta}$ hinter dem Linsenarray gelten die folgenden Beziehungen:

$$\phi_{j,\xi} = \frac{\partial \Phi_j}{\partial \xi} = \frac{2\pi}{\lambda} \tan(\theta_{j,\xi}), \qquad \phi_{j,\eta} = \frac{\partial \Phi_j}{\partial \eta} = \frac{2\pi}{\lambda} \tan(\theta_{j,\eta}). \qquad (3.18)$$

Die Einzelfelder im Systemnahfeld sind damit gleich dem Produkt aus der in Gl. 3.8
angegebenen Verteilung und einem Phasenfaktor:

$$\begin{aligned} E_j(\xi, \eta) &= E_{j,\max} \hat{E}_0(\xi, \eta)\, e^{i\Phi_j(\xi,\eta)} \\ &= E_{j,\max} \hat{E}_0(\xi, \eta)\, e^{i(\Phi_{j,0} + \phi_{j,\xi}\xi + \phi_{j,\eta}\eta)}. \end{aligned} \qquad (3.19)$$

In bezug auf die Systemkoordinaten (x, y) ergibt sich nach den Gleichungen 3.15 und 3.16
für die Einzelfelder:

$$E_j(x - x_j, y - y_j) = E_{j,\max} \hat{E}_0(x - x_j, y - y_j)\, e^{i\left[\Phi_{j,0} + \phi_{j,x}(x-x_j) + \phi_{j,y}(y-y_j)\right]}. \qquad (3.20)$$

Aufgrund der linearen Transformation des Einzelemitter- in das System-Koordinaten-
systeme sind die Phasengradienten in beiden Systemen gleich: $\phi_{j,x} = \phi_{j,\xi}$ und $\phi_{j,y} = \phi_{j,\eta}$.

Die Anteile $\phi_{j,x}x_j$ und $\phi_{j,y}y_j$ hängen nicht von x oder y ab und lassen sich mit $\Phi_{j,0}$ zusammenfassen.

Für das Systemfeld in der Fernfeldebene $E_{sys}(u,v)$ erhält man damit aus den Gleichungen 3.12, 3.14 und 3.20:

$$
\begin{aligned}
E_{sys}(u,v) &= \iint_{-\infty}^{+\infty} \sum_{j=1}^{N} \left[\begin{array}{c} E_{j,\max}\hat{E}_0\left(x-x_j, y-y_j\right) \\ \times e^{i\left[\Phi_{j,0}+\phi_{j,x}(x-x_j)+\phi_{j,y}(y-y_j)\right]} \\ \times e^{-2\pi i\left[\frac{u}{\lambda f_{LF}}(x-x_j)+\frac{v}{\lambda f_{LF}}(y-y_j)\right]} \end{array} \right] dx\,dy \\
&= \sum_{j=1}^{N} \left[\begin{array}{c} E_{j,\max}e^{-2\pi i\left(\frac{u}{\lambda f_{LF}}x_j+\frac{v}{\lambda f_{LF}}y_j\right)}e^{i\Phi_{j,0}} \\ \times \iint_{-\infty}^{+\infty}\left\{ \begin{array}{c} \hat{E}_0\left(x-x_j, y-y_j\right) \\ \times e^{-2\pi i\left[\left(\frac{u}{\lambda f_{LF}}-\frac{\phi_{j,x}}{2\pi}\right)x+\left(\frac{v}{\lambda f_{LF}}-\frac{\phi_{j,y}}{2\pi}\right)y\right]} \end{array} \right\}dx\,dy \end{array} \right] \\
&= \sum_{j=1}^{N} \left[\begin{array}{c} E_{j,\max}e^{-2\pi i\left(\frac{u}{\lambda f_{LF}}x_j+\frac{v}{\lambda f_{LF}}y_j\right)}e^{i\Phi_{j,0}} \\ \times \mathcal{F}\left[\hat{E}_0(x,y)\right]\left(\frac{u}{\lambda f_{LF}}-\frac{\phi_{j,x}}{2\pi}, \frac{v}{\lambda f_{LF}}-\frac{\phi_{j,y}}{2\pi}\right) \end{array} \right].
\end{aligned}
\tag{3.21}
$$

Die Funktion $\mathcal{F}\left[\hat{E}_0(x,y)\right]\left(\frac{u}{\lambda f_{LF}}-\frac{\phi_{j,x}}{2\pi}, \frac{v}{\lambda f_{LF}}-\frac{\phi_{j,y}}{2\pi}\right)$ ist die Fourier-Transformierte der normierten Einzelemitter-Nahfeldverteilung $\hat{E}_0(x,y)$ in den Fernfeldkoordinaten (u,v).

Die Verkippung eines kollimierten Strahls um die Phasenfrontgradienten $\phi_{j,x}$ und $\phi_{j,y}$ ergibt im Fokus des Systems eine Verschiebung der Feldverteilung dieses Strahls von der optischen Achse weg in Richtung des Phasengradienten. Formal zeigt sich dies an den Variablen der Fourier-Transformierten, die um die Werte $-\frac{\phi_{j,x}}{2\pi}$ und $-\frac{\phi_{j,y}}{2\pi}$ verschoben sind. Die unterschiedlichen Ausgangspunkte (x_j, y_j) der Einzelstrahlen im Systemnahfeld ergeben den ortsabhängigen Phasenfaktor $e^{-2\pi i\left(\frac{u}{\lambda f_{LF}}x_j+\frac{v}{\lambda f_{LF}}y_j\right)}$ im Systemfernfeld, der einer Verkippung der Phasenfrontnormalen gegen die optische Achse entspricht. Aus der phasenrichtigen Summation dieses Terms über alle Einzelemitter ergibt sich das Interferenzmuster im Systemfernfeld.

Unter der Annahme verschwindender Faser-Positionsfehler und damit Phasengradienten $(\phi_{j,x} = \phi_{j,y} = 0)$, läßt sich das Systemfernfeld in zwei unabhängige Faktoren separieren:

$$
\begin{aligned}
E_{sys}(u,v) &= \sum_{j=1}^{N}\left[E_{j,\max}e^{-2\pi i\left(\frac{u}{\lambda f_{LF}}x_j+\frac{v}{\lambda f_{LF}}y_j\right)}e^{i\Phi_{j,0}}\right] \qquad \text{kohärenter Interferenzfaktor} \\
&\times \mathcal{F}\left[\hat{E}_0(x,y)\right]\left(\frac{u}{\lambda f_{LF}}, \frac{v}{\lambda f_{LF}}\right) \qquad \text{inkohärente Einhüllende.}
\end{aligned}
\tag{3.22}
$$

Die Summe über die Einzelemitter ergibt einen Interferenzfaktor, der die kohärente Überlagerung repräsentiert. Davon unabhängig bildet die Fourier-Transformierte der Einzelemitter-Nahfeldverteilung die Einhüllende der Fernfeldverteilung.

Unter der weiteren Annahme, daß die Phasen $\Phi_{j,0}$ für alle Emitter gleich sind, läßt sich die Feldstärke im Zentrum der Verteilung (für $u = v = 0$) angeben als:

$$E_{sys}(0,0) = \sum_{j=1}^{N} E_{j,\max} \mathcal{F}\left[\hat{E}_0(x,y)\right](0,0).$$ (3.23)

Haben zusätzlich alle Emitter die gleiche Strahlleistung und damit die gleiche Spitzen-feldstärke $E_{j,\max} = E_{\max,ein}$, so folgt aus Gl. 3.23:

$$E_{sys}(0,0) = s_F N E_{\max,ein}$$ (3.24)

$$\text{mit} \quad s_F = \mathcal{F}\left[\hat{E}_0(x,y)\right](0,0).$$ (3.25)

Die Spitzenfeldstärke im Zentrum der Verteilung ist danach für die Überlagerung voll-ständig kohärenter Emitter proportional zur Anzahl der Emitter N. Der Wert der Fourier-transformierten der Verteilung $\hat{E}_0(x,y)$ geht in die Spitzenfeldstärke nur als Skalenfaktor s_F ein. Dieser Skalenfaktor berücksichtigt die Strahltransformation durch die Fokussierlin-se, d.h. die Änderung von $E_{\max,ein}$ beim Übergang von Systemnahfeld zu Systemfernfeld. Die im Experiment meßbare und für den Einsatz eines Lasersystems als Werkzeug wichtige Größe der Leistungsdichteverteilung $I_{sys}(u,v)$ folgt aus dem zeitlichen Mittelwert des Betragsquadrates der Feldverteilung $E_{sys}(u,v)$ [Hüg 92]:

$$I_{sys}(u,v) = c\varepsilon_0 \left\langle |E_{sys}(u,v)|^2 \right\rangle.$$ (3.26)

Da bei den hier beschriebenen Rechnungen keine Zeitabhänigkeit der Felder betrachtet wird, wird das zeitliche Mittel im folgenden vernachlässigt.

Für die Spitzenleistungsdichte unter den oben genannten Annahmen folgt damit aus den Gleichungen 3.24 und 3.26 für die vollständig kohärente Überlagerung:

$$I_{sys,koh}(0,0) = c\varepsilon_0 s_F^2 N^2 |E_{\max,ein}|^2 = s_F^2 N^2 I_{\max,ein}.$$ (3.27)

Damit ist für die vollständig kohärente Überlagerung von N Einzelemittern die erzielbare Spitzenleistungsdichte proportional zum Quadrat der Anzahl N.

Partielle Kohärenz

Die vorangehende formale Beschreibung geht von zueinander vollständig kohärenten Ein-zelemittern aus. Dies trifft für ein reales System im allgemeinen nicht zu.

Sind die Kohärenzgrade der Einzelemitter $\gamma_{ref,j}$ bezüglich einer Referenz kleiner eins, läßt sich in einer empirischen Näherung die Kohärenz im System über einen mittleren Kohärenzgrad γ_m beschreiben (vgl. Kap. 2.2):

$$\gamma_m = \frac{1}{N} \sum_{j=1}^{N} \gamma_{ref,j}.$$ (3.28)

Die Spitzenleistungsdichte $I_{j,\max} = c\varepsilon_0 |E_{j,\max}|^2$ jedes Emitters kann dann durch einen vollkommen kohärenten und inkohärenten Anteil beschrieben werden [Bor 97]:

$$I_{j,\max,koh} = \gamma_m I_{j,\max} \quad \text{und} \quad I_{j,\max,inkoh} = (1 - \gamma_m) I_{j,\max}.$$ (3.29)

Entsprechend setzt sich die System-Leistungsdichteverteilung für partiell kohärente Emitter $I_{sys,pkoh}(u,v)$ aus einem vollständig kohärenten und inkohärenten Anteil zusammen:

$$I_{sys,pkoh}(u,v) = \gamma_m\, I_{sys,koh} + (1-\gamma_m)\, I_{sys,inkoh}. \tag{3.30}$$

Der kohärente Anteil $I_{sys,koh}$ entspricht dem in Gl. 3.26 angegebenen:

$$I_{sys,koh}(u,v) = c\varepsilon_0 \left| E_{sys}(u,v) \right|^2. \tag{3.31}$$

Für den Fall der Überlagerung von inkohärenten Feldern addieren sich nach Gl. 2.7 nicht die Feldstärken sondern die Leistungsdichten, da die Felder unkorreliert sind ($\Gamma(\tau) = 0$). Daraus folgt für den inkohärenten Anteil der System-Leistungsdichteverteilung:

$$I_{sys,inkoh}(u,v) = \sum_{j=1}^{N} I_{j,\max}\, \mathcal{F}^2\left[\hat{E}_0(x,y) \right] \left(\frac{u}{\lambda f_{LF}} - \frac{\phi_{j,x}}{2\pi}, \frac{v}{\lambda f_{LF}} - \frac{\phi_{j,y}}{2\pi} \right). \tag{3.32}$$

Sind die überlagerten Strahlen vollkommen inkohärent zueinander ($\gamma_m = 0$), ergibt sich die System-Leistungsdichteverteilung nach Gl. 3.32 aus einer gewichteten Aufsummation der Fourier-Transformierten der Nahfeldverteilung. Unter der Annahme idealer Verhältnisse und gleicher Leistungen für die Einzelemitter ($I_{j,\max} = I_{\max,ein}$) folgt für die inkohärente Überlagerung von N Emittern:

$$I_{sys,inkoh}(0,0) = s_F^2\, N\, I_{\max,ein}. \tag{3.33}$$

Die Erhöhung der Spitzenleistungsdichte der kohärenten gegenüber der inkohärenten Überlagerung ist unter Berücksichtigung der idealisierten Annahmen nach den Gleichungen 3.27 und 3.33 damit gleich der Anzahl der überlagerten Einzelemitter:

$$I_{sys,koh}(0,0) = N\, I_{sys,inkoh}(0,0). \tag{3.34}$$

Zur numerischen Berechnung wurde der formale Zusammenhang der Gl. 3.30 mit Hilfe der Programmiersprache Turbo Pascal (Borland International Inc., USA) Version 7.0 implementiert. Für die Berechnung der zweidimensionalen Fourier-Transformation der normierten Einzelemitter-Nahfeldverteilung wurde ein schneller Fourier-Transformations-Algorithmus eingesetzt [Pre 89]. Die Trennung von Interferenzfaktor und Fourier-Transformierten der Einzelstrahlverteilung in den obigen Gleichungen ermöglicht die Berechnung auch für eine große Anzahl von Emittern mit der Rechenkapazität eines Personal-Computers.

3.3.3 Exemplarische Ergebnisse

Im folgenden werden Modellrechnungen für Systeme mit unterschiedlicher Anzahl von Einzelemittern gezeigt, um die prinzipiellen Effekte der kohärenten Überlagerung auf die

System-Leistungsdichteverteilungen zu veranschaulichen. Eine eingehendere Analyse des realisierten Systems ist in Kap. 5.4 dokumentiert.

Zweidimensionale Leistungsdichteverteilung

Abb. 3.9 zeigt die berechnete Leistungsdichteverteilung im Fokus des oben beschriebenen Systems für nur zwei Einzelemitter.

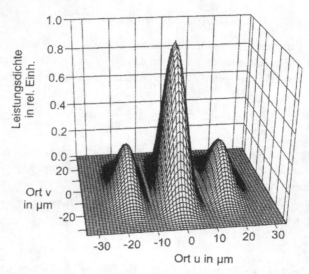

Abbildung 3.9: Berechnete Leistungsdichteverteilung $I_{sys,koh}(u,v)$ für die kohärente Überlagerung von zwei Einzelemittern entsprechend der schematischen Darstellung der Abb. 3.8.

Die kohärente Überlagerung beider Strahlen führt zu einem Interferenzstreifen-Muster. Die Parameter für diese Rechnung sind ein Linsenabstand im Linsenarray von 7 mm, ein Durchmesser für die freie Apertur der Einzellinsen von 6 mm, ein Strahldurchmesser von 4,5 mm (gemessen bei dem $1/e^2$-fachen der Spitzenleistungsdichte) und eine Brennweite der Fokussierlinse von 200 mm. Der Kohärenzgrad wurde gleich eins gesetzt.

Bei der Berücksichtigung eines weiteren Emitters im Linsenarray ergibt sich aufgrund der Lage der Linsen auf einem hexagonalen Gitter auch im Fokus eine entsprechende Symmetrie (Abb. 3.10). Diese Strukturierung der Leistungsdichteverteilung bei einer hexagonalen Anordnung von Einzelemittern wurde auch schon an anderer Stelle dokumentiert [Jos 89].

Die Struktur im Fokus besteht aus einem zentralen Maximum und sechs Nebenmaxima. Diese Verteilung veranschaulicht die Beiträge der zwei Faktoren in Gl. 3.22. Der Interferenzfaktor der Funktion erzeugt eine Leistungsdichtemodulation entsprechend einem Dreiecksgitter. Die Leistungsverteilung in diesem Dreiecksgitter wird dann durch die

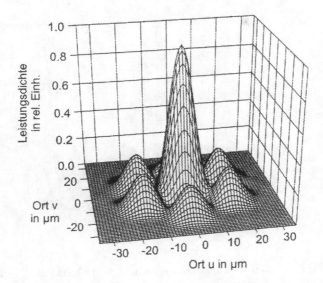

Abbildung 3.10: Berechnete Leistungsdichteverteilung für die kohärente Überlagerung von drei Einzelemittern. Die Einzelemitter sind auf einem hexagonalen Gitter in der Ebene des Linsenarrays angeordnet.

Fourier-Transformierte der Einzelemitterverteilung als Einhüllende bestimmt.

Für sieben Emitter ist die Ausprägung von zentralem Maximum und den Nebenmaxima deutlicher (Abb. 3.11). Außerdem ist das Leistungsdichteverhältnis zwischen zentralem Maximum und den Nebenmaxima größer als für den Fall mit drei Emittern.

Phasengradient über der Gesamtapertur des Arrays

Im Vergleich dazu zeigt Abb. 3.12 die Leistungsdichteverteilung für sieben Emitter unter Berücksichtigung eines linearen Phasengradienten $\Delta\Phi/\Delta x$ über der Gesamtapertur des Linsenarrays. Dieser Phasengradient ist in Abb. 3.13 veranschaulicht. Aus ihm ergibt sich eine Phasendifferenz $\Delta\Phi$ zwischen jeweils benachbarten Einzelemittern, die durch eine entsprechende Wahl der Werte $\Phi_{j,0}$ mit $\Delta\Phi = \Phi_{j,0} - \Phi_{j-1,0}$ in den Modellrechnungen berücksichtigt wird. Die Gradienten bzw. Strahlrichtungen der Einzelemitter bleiben dabei unverändert, da diese durch die Richtung der kollimierten Strahlen gegeben sind. Die Auswirkung dieses Phasengradienten auf die Leistungsdichteverteilung zeigt zum einen die Abb. 3.12 als Modellrechnung und zum anderen die Abb. 3.13 schematisch.

Die Position der inkohärenten Einhüllenden der Leistungsdichteverteilung, die sich aus der Fourier-Transformierten der Einzelemitter-Verteilungen ergibt, wird durch die Phasenänderung nicht beeinflußt. Die Einhüllende ist in ihrer Ausdehnung und Leistungsverteilung in Abb. 3.13 als graugestufter Kreis angedeutet. Durch den Phasengradienten ergibt sich jedoch eine räumliche Verschiebung des Interferenzmusters relativ zur raum-

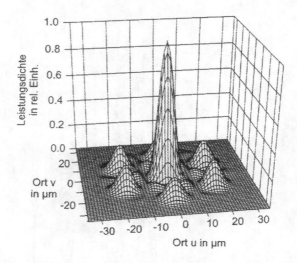

Abbildung 3.11: Berechnete Leistungsdichteverteilung für die kohärente Überlagerung von sieben Einzelemittern. Die Einzelemitter sind auf einem hexagonalen Gitter in der Ebene des Linsenarrays angeordnet.

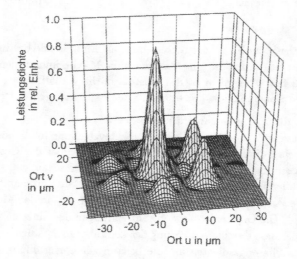

Abbildung 3.12: Berechnete Leistungsdichteverteilung für die kohärente Überlagerung von sieben Einzelemittern. Zwischen den Phasen der Einzelemitter besteht ein Phasengradient entsprechend der Darstellung in Abb. 3.13.

festen Einhüllenden. Über diesen Weg kann die räumliche Position des zentralen Maximums allein über die Phasen der Einzelemitter gesteuert werden.   Die Verschiebung

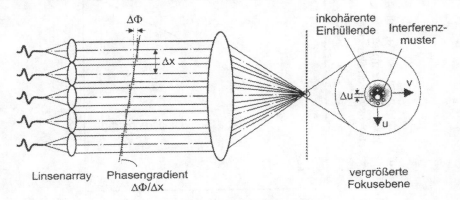

Abbildung 3.13: Über die Steuerung der Einzelemitter-Phasen kann ein Phasengradient $\Delta\Phi/\Delta x$ über der Gesamtapertur des Linsenarrays eingestellt werden. Über diesen Phasengradienten ist eine räumliche Verschiebung Δu des Interferenzmusters innerhalb der Einhüllenden des inkohärenten Fokus möglich.

hat jedoch zur Folge, daß sich das Maximum des Interferenzmusters aus dem Maximum der Einhüllenden heraus bewegt und damit die absolute Leistungsdichte des Maximums abnimmt. Daraus folgt eine für die Praxis sinnvolle Grenze für die Verschiebung über einen Phasengradienten. Für eine maximale relative Leistungsabnahme von 10 % zeigt Abb. 3.14 die maximal mögliche Verschiebung des zentralen Maximums über einen Phasengradient für bis zu 61×61 = 3721 Emitter. Theoretisch ist die Verschiebung in einer Richtung proportional zur Emitteranzahl in dieser Richtung [Neu 94]. Für die zweidimensionale Anordnung mit N Emittern ergibt sich näherungsweise eine Proportionalität zur Quadratwurzel von N. Der Vergleich der Modellrechnungen mit dieser funktionalen Abhängigkeit zeigt eine gute Übereinstimmung. Für N = 19 Emitter ergibt sich aus den Modellierungen unter dem oben genannten Kriterium eine Verschiebung um das 1,3–fache des Durchmessers des zentralen Maximums, für N = 61×61 eine Verschiebung um das 17,6–fache.
Über den Effekt der Änderung der Leistungsdichteverteilung allein über die Phasen der Einzelemitter ist nicht nur eine schnelle Strahlpositionierung und -stabilisierung möglich [Ina 96], sondern auch die gezielte Anpassung der System-Leistungsdichteverteilung an eine gegebene Bearbeitungsaufgabe. Dies wird dann möglich, wenn nicht nur lineare Phasengradienten auf das Emitterarray angewendet werden, sondern auch nichtlineare. Ein System aus kohärent gekoppelten Einzelemittern bietet mit diesen Möglichkeiten zusätzliche Freiheitsgrade bei der Gestaltung und Optimierung von Materialbearbeitungs-Aufgaben.

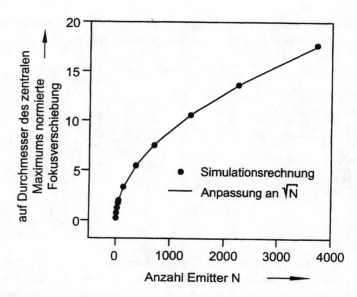

Abbildung 3.14: Maximale Verschiebung des zentralen Maximums der Leistungsdichteverteilung entsprechend Abb. 3.12 in Abhängigkeit der Anzahl der Emitter. Das Kriterium für den Maximalwert der Verschiebung ist der Abfall der Leistungsdichte des zentralen Maximums um 10 % gegenüber dem Wert ohne Verschiebung.

Skalierbarkeit in der Emitteranzahl

Eine Vergrößerung der Emitteranzahl N für die beschriebene Anordnung hat entweder, bei konstantem Einzellinsendurchmesser, eine kontinuierliche Vergrößerung des Linsenarrays (proportional $\sqrt{N}$) oder, bei konstantem Linsenarraydurchmesser, eine entsprechende Verkleinerung der Einzellinsen zur Folge. Die Größe von Linsenarray und Einzellinsen hat jedoch einen Einfluß auf die Leistungsdichteverteilung im Fokus des Systems, dabei kann die inkohärente Einhüllende als unabhängig vom kohärenten Interferenzfaktor betrachtet werden.

Bei gegebener Brennweite für die Fokussierlinse hängt der Durchmesser der inkohärenten Einhüllenden in der Fokusebene nur vom Einzelstrahldurchmesser in der Ebene des Linsenarrays und damit vom Durchmesser der Einzellinsen ab. Dabei sei ein festes Verhältnis von Linsen- zu Strahldurchmesser und damit ein fester Füllfaktor gegeben. Mit abnehmendem Einzelstrahldurchmesser vergrößert sich der Durchmesser der inkohärenten Verteilung in der Fokusebene entsprechend den Beugungsgesetzen.

Für die Periode des Interferenzfaktors ist die Raumfrequenz des Linsenarrays bestimmend, d.h. die Anzahl der Einzellinsen pro Längeneinheit. Eine vergrößerte Raumfrequenz hat zur Folge, daß der Abstand zwischen Haupt- und Nebenmaxima in der zweidimensionalen Leistungsdichteverteilung zunimmt.

Um diese Verhältnisse zu veranschaulichen wurden Berechnungen mit unterschiedlicher Emitteranzahl bei konstantem Linsenarraydurchmesser durchgeführt. Aus den zweidimensionalen Verteilungen wurde dann die eindimensionale Leistungsverteilung in Abhängigkeit des Strahlradius berechnet ('Encircled Energy', vgl. auch Kap. 5.4.2).

Abb. 3.15 zeigt die Ergebnisse für Systeme mit bis zu 169 Emittern. Aufgrund des konstanten Linsenarraydurchmessers werden die Einzellinsen mit zunehmender Emitteranzahl kleiner, gleichzeitig wächst die Raumfrequenz der System-Nahfeldverteilung. Aus dem konstanten Array- und damit Strahlbündeldurchmesser folgt aus der Beugungstheorie, daß die Durchmesser der zentralen Maxima unabhängig von der Anzahl der Emitter sein sollten. Diese Durchmesser sind in den gezeigten Rechnungen durch das Abknicken der Kurven nach dem ersten steilen Anstieg charakterisiert und sind für alle Kurven nahezu identisch.

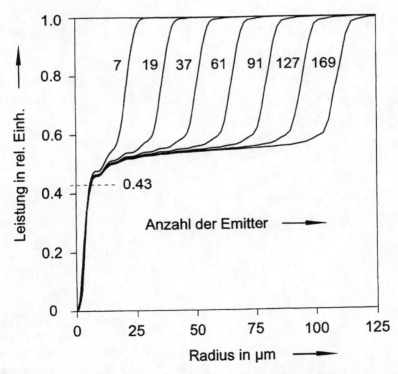

Abbildung 3.15: Berechnete Leistung in Abhängigkeit des Strahlradius ('Encircled Energy') für die kohärente Überlagerung von bis zu 169 Emittern bei jeweils gleichem Arraydurchmesser. Der Durchmesser und Leistungsinhalt (43 %) des zentralen Maximums ist unabhängig von der Anzahl der Emitter im Array.

Sehr deutlich wird darüber hinaus, daß die Nebenmaxima (zweiter steiler Anstieg in Abb. 3.15) sich mit zunehmender Emitteranzahl zu größeren Radien hin verschieben. Diese Verschiebung ergibt sich, wie oben beschrieben, aus der größeren Raumfrequenz im System-Nahfeld mit zunehmender Emitteranzahl.

Der Leistungsanteil im zentralen Maximum beträgt nach Abb. 3.15 ca. 43 % und ist unabhängig von der Anzahl. Zusammen mit dem konstanten Durchmesser des Maximums ergibt sich eine zur Systemleistung bzw. zur Emitteranzahl proportionale Spitzenleistungsdichte für das zentrale Maximum.

Die identische Steigung und Ausdehnung im Radius der jeweils zweiten Anstiege der eindimensionalen Leistungsverteilungen belegen, daß das relative Verhältnis zwischen den Spitzenleistungsdichten für Haupt- und Nebenmaxima unabhängig von der Emitteranzahl ist. Eine genauere Analyse der zweidimensionalen Verteilungen liefert für dieses Verhältnis einen Wert von ca. 14 %.

4 Systemaufbau

Ziel dieses Experimentalaufbaus ist die Demonstration einer effektiven kohärenten Kopplung einer grösseren Anzahl von Diodenlasern zu einem leistungsstarken Lasersystem. Um den flexiblen Einsatz des Systems zu gewährleisten, soll der Transport der Lichtenergie von den Diodenlasern zum Lasersystemkopf, der die Lichtenergie auf das Werkstück fokussiert, durch Glasfasern erfolgen. In den folgenden Unterkapiteln werden das erarbeitete Konzept und die einzelnen Systemkomponenten detailliert beschrieben.

4.1 Systemkonzept

Die kohärente Kopplung einer kleinen Anzahl von Diodenlasern mit labortechnischer Aufbautechnik wurde schon auf unterschiedliche Art demonstriert, wobei die prinzipielle Machbarkeit nachgewiesen wurde. Die bisher realisierten Systeme waren auf eine kleine Anzahl gekoppelter Diodenlaser bei hohem Kohärenzgrad (4 Emitter [Osi 95]) oder eine große Anzahl mit reduziertem Kohärenzgrad (900 Emitter [Lev 95]) beschränkt. Die Systemkonzepte für eine große Anzahl bezogen sich dabei auf monolithische Arraygeometrien. Der Arrayaufbau hat jedoch den Nachteil, daß die Leistung der Einzelemitter im Array aufgrund der begrenzten Dissipation der Verlustleistung nur eingeschränkt skalierbar ist.

Mit dem hier beschriebenen System sollte gezeigt werden, daß die kohärente Kopplung einer größeren Anzahl von getrennt aufgebauten Diodenlasern mit hohem Kohärenzgrad möglich und mit vertretbarem Aufwand technisch realisierbar ist. Daraus ergaben sich für den Systemaufbau die Anforderungen eines einfachen optomechanischen Aufbaus und einer prinzipiell kostengünstigen Realisierung. Um das Konzept auch auf hohe Systemleistungen anwenden zu können, muß es außerdem in der Leistung skalierbar sein.

4.1.1 Übersicht

Das verfolgte Konzept ist in Abb. 4.1 schematisch dargestellt, wobei nur drei kohärent gekoppelte Diodenlaser gezeigt sind. Die kohärente Kopplung geschieht über den in Kap. 2.3.2 beschriebenen Prozeß des Injection-Locking. Über einen Strahlteiler wird in jeden der zu koppelnden Slave-Laser ein Teil der Strahlung des stabilen Master-Lasers injiziert. Die Strahlung der Slave-Laser wird in polarisationserhaltende Grundmode-Fasern eingekoppelt, um eine flexible Verbindung zwischen dem Ort der kohärenten Kopplung der Laser und dem Verwendungsort der Strahlleistung zu schaffen.

Die Überlagerung der Strahlleistung aus den Slave-Lasern wird mittels Winkelmultiplexen im Lasersystemkopf realisiert. Die Linsen des Linsenarrays sind auf einem hexagonalen

Gitter angeordnet, woraus eine hohe Aperturfüllung der fokussierenden Linse und eine hohe Leistungsdichte bei der nachfolgenden Fokussierung auf das Werkstück folgen.

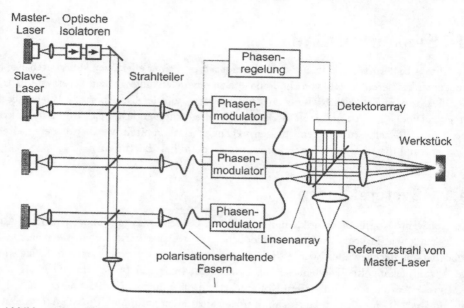

Abbildung 4.1: Schematische Darstellung des Konzeptes zur kohärenten Kopplung von Diodenlasern. Durch Injektion eines Leistungsanteils des Master-Lasers über Strahlteiler in jeden Slave-Laser werden diese in Frequenz und Phase gekoppelt. Zum Transport der Lichtenergie von den Slave-Lasern zum Werkstück werden polarisationserhaltende Grundmode-Glasfasern eingesetzt. Zur Regelung der Phase der einzelnen Lichtwellen ist ein Regelkreis aus Referenzstrahlquelle, Detektorarray, Phasenregelung und Phasenmodulator notwendig.

Durch die kohärente Kopplung sind die Emissionsspektren der Slave-Laser nahezu identisch. Infolge der im allgemeinen unterschiedlichen optischen Wege zwischen den Diodenlaserchips der Slave-Laser und einer Referenzebene hinter dem Linsenarray, sind die Phasen der Einzellaser bezüglich dieser Referenzebene verschieden. Durch mechnische Belastungen der Fasern kommt es außerdem zu Phasenfluktuationen. Um die Phasenlage zu stabilisieren, ist eine Regelung der Phasenlage notwendig.

Für diese Phasenregelung wird jeder Einzelstrahl mit der Strahlung des Master-Lasers auf einer Photodiode des Detektorarrays überlagert. Aus der interferometrischen Überlagerung können die Istphasen der einzelnen Slave-Laser relativ zur Phase des Master-Lasers bestimmt werden, die in der Regelung mit der Sollphase verglichen wird. Als Stellglied der Regelstrecke dient ein in den Glasfaserweg integrierter Phasenmodulator.

Für die Demonstration dieses Konzeptes wurde ein System mit 19 Diodenlasern aufgebaut. Um den mechanischen Aufwand so gering wie möglich zu halten, mußte bei gleichzeitig optimierter optischer Funktion eine geeignete Aufbautechnik gefunden werden. Die optische Funktion des Aufbaus ist dabei durch die kohärente Kopplung zwischen Master- und den Slave-Lasern und durch die Einkopplung der Diodenlaserstrahlung in die Grundmodefasern gegeben.

In Anlehnung an die Funktion einer optischen Bank wurde eine planare Aufbautechnik gewählt, die die Übertragung der bei Vorversuchen bestimmten Justage- und Stabilitätsanforderungen an das System ermöglichte. Die geometrischen Dimensionen des Aufbaus werden durch die Dimensionen und die Notwendigkeit zur Justage und Montage der verfügbaren Komponenten bestimmt. Die Schlüsselkomponente ist dabei der Diodenlaser, der aus Gründen einer einfachen Handhabung in einem hermetisch geschlossenen Gehäuse untergebracht ist. An die Gehäusedimension (Durchmesser 9 mm) werden dann die weiteren optischen und mechanischen Komponenten in ihrer Größe angepaßt.

4.1.2 Optomechanische Anforderungen

Die Justageanforderungen an die optischen Einzelkomponenten ergeben sich aus den Dimensionen der zu koppelnden optischen Grundmode-Wellenleiter. Für den Prozeß des Injection-Locking ist dies die Einkopplung der Master-Strahlung in die Grundmode-Resonatoren der Slave-Laser. Bei der Einkopplung der Slave-Strahlung in die Grundmode-Fasern ist ebenfalls ein optimaler Überlapp zwischen den Wellenleitermoden von Laser und Faser notwendig.

Für Koppeleffizienzen größer 80 % bei angepaßtem Modenprofil, einer numerischen Apertur von 0,15 und einer Wellenlänge von 675 nm ist eine Positionstoleranz der optischen Elemente von kleiner 0,67 μm senkrecht und 6,2 μm parallel zur optischen Achse bei der Fokussierung notwendig [Wag 82]. Bei dem Überlapp zweier kollimierter Strahlen mit einem Durchmesser von je 5 mm ergibt sich daraus eine Winkeltoleranz von kleiner 0,06 mrad ($3,5 \cdot 10^{-3}$ Grad). Bei diesen Toleranzanforderungen lassen sich effiziente Kopplungen nur durch eine aktive Justage der optischen Elemente erreichen, d.h. während des Betriebs der Diodenlaser und mit einer permanenten Messung der zu optimierenden Eigenschaft (Kohärenzgrad bzw. Leistung am Faserende).

Die dauerhafte Fixierung der optischen Komponenten muß ebenfalls den Toleranzanforderungen entsprechen. Es wurde eine Klebetechnik mit UV-härtendem Kleber mit minimalem Schrumpf (2 %) verwendet (Typ 81, Norland Products Inc., USA). Die Aushärtung durch Licht ermöglicht kurze Aushärtzeiten und minimiert damit eine Dejustage der Komponenten aufgrund von mechanischer Drift der Positioniereinrichtung. Aus dem geringen Schrumpf des Klebers resultiert eine hohe Positionsstabilität des optischen Bauteils auch während des Aushärtevorgangs.

Um einen optimalen Kohärenzgrad zwischen den Einzellasern zu gewährleisten, wird der optische Weg für die Injektion der Master-Strahlung in die Slave-Laser justierbar mit

Strahlteilern aufgebaut. Damit ist bei veränderten Umgebungsbedingungen eine Optimierung des Injection-Locking-Prozesses möglich.

4.1.3   Skalierbarkeit

Ein Konzept für ein Hochleistungslasersystem muß die Anforderung der Skalierbarkeit bezüglich der Systemleistung erfüllen, d.h. eine Steigerung der Systemleistung muß über die Anzahl von Subkomponenten des Systems möglich sein. Bezieht man die Skalierbarkeit darüber hinaus auf die mit dem System erreichbare Leistungsdichte bei der Fokussierung, so darf die Qualität des Ausgangsstrahls nicht mit der Anzahl der Subkomponenten abnehmen.

Bei dem in dieser Arbeit beschriebenen System ist die Skalierbarkeit in der Leistung über die Anzahl von gekoppelten Diodenlasern und die Grundmodeleistung der Einzellaser gegeben. Die kohärente Kopplung ist dabei über den Einsatz einer Baumstruktur skalierbar. In dieser bilden die Slave-Laser der ersten Stufe die Master-Laser für die zweite Stufe mit Slave-Lasern usw..

Bei der Überlagerung der Strahlung der Slave-Laser durch Winkelmultiplexen wird die Skalierung über die Anzahl der Einzellinsen realisiert. Die physikalisch-technische Grenze der Verringerung der Einzellinsen-Durchmesser ist dabei durch die Leistung eines Einzellasers und die Leistungs-Belastbarkeit einer Einzellinse im Linsenarray gegeben.

Bei der Skalierbarkeit bezüglich der Leistungsdichte ist zu berücksichtigen, auf welche Art die Strahlqualität definiert wird. Definiert man diese über den Formalismus der Beugungsmaßzahl M^2, so nimmt diese mit der Anzahl der Laser zu [Sig 93]. Bei der Definition über den Leistungsinhalt des zentralen Maximums der zweidimensionalen Leistungsdichteverteilung ist die Leistungsdichte unabhängig von der Anzahl der Einzellaser (vgl. Kap. 3.3.3) und damit die Skalierbarkeit gegeben.

4.2   Einkopplung der Diodenlaserstrahlung in Grundmode-Glasfasern

Die systemspezifischen Kriterien für die Einkopplung sind zum einen eine große Koppeleffizienz und zum anderen ein minimierter optomechanischer Aufwand. Der gefundene aufbautechnische Kompromiß und dessen Realisierung wird in den folgenden Unterkapiteln beschrieben.

4.2.1   Optomechanischer Aufbau

Die Realisierung der Einkopplung ist in Abb. 4.2 dargestellt. Das Gehäuse des Diodenlasers ist in einem Halter aus Kupfer befestigt. Die Temperatur dieses Halters ist über ein Peltierelement regelbar, das mit dem Halter und der Aufbauplatte verlötet ist. Infolge der elektrischen Isolation über das Peltierelement ist das Gehäuse des Diodenlasers potentialfrei.

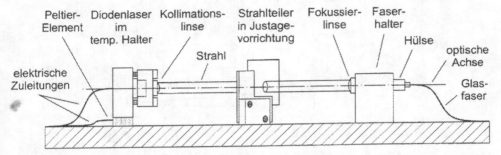

Abbildung 4.2: Schematische Darstellung des optomechanischen Aufbaus zur Diodenlaser-Faser-Kopplung. Der Strahl des Diodenlasers wird mit einer Linse kollimiert und mit einer zweiten auf die Endfläche der Faser fokussiert. Der Strahlteiler dient zur Einkopplung von Master-Strahlung in den Slave-Laser.

Der Befestigungsblock des Diodenlasergehäuses dient zusätzlich als Montagefläche für die Kollimationslinse. Der direkte mechanische Kontakt zwischen der Kollimationslinse und dem Diodenlasergehäuse ist notwendig, um den Einfluß der thermischen Expansion der mechanischen Aufbaukomponenten auf die Fasereinkopplung zu minimieren.

Die Fokussierlinse und die Glasfaser werden durch den Faserhalter fixiert, der eine Justage der Fokussierlinse in die zwei Richtungen senkrecht zur optischen Achse ermöglicht. Die Relativpositionierung von Fokussierlinse zu Faserende in Richtung der optischen Achse wird durch eine entsprechende Verschiebung der Faser im Halter erreicht.

Um Rückreflexe vom Faserende in den Diodenlaser zu unterdrücken, ist das Faserende mit einer Schrägpolitur von 8° versehen [You 89]. Für die Politur wird die Faser in einen speziellen Keramikzylinder (Ferrule) mit einer zentrischen Bohrung von 127 μm eingeklebt. Aus der Abschrägung des Faserendes folgt nach dem Snelliusschen Brechungsgesetz ein Winkel von 3,7° zwischen der geometrischen Faserachse und der optischen Achse der Diodenlaser-Faser-Kopplung. Um diese Verkippung bei minimiertem Justageaufwand zu realisieren, wird die Faser mit dem Keramikzylinder in einer metallischen Hülse befestigt, die mit einer um 3,7° gegenüber der Hülsenachse verkippten Bohrung versehen ist (Abb. 4.3). Diese Hülse ist so konzipiert, daß der Faserkern an der Endfläche auf der optischen Achse der Diodenlaser-Faser-Kopplung liegt. Somit kann durch eine Drehung der Hülse um ihre Achse die Hauptachse der polarisationserhaltenden Faser an die Polarisationsrichtung der Diodenlaserstrahlung angepaßt werden.

Die Realisierung der Einkopplung mit nur zwei Linsen reduziert den Justageaufwand beim Systemaufbau gegenüber einer Lösung mit zusätzlichen Zylinderlinsen zur Anpassung der elliptischen Modenprofile. Die erste Linse kollimiert die Diodenlaserstrahlung, die zweite fokussiert den kollimierten Strahl auf das Ende der Glasfaser. Bei diesem Aufbau bleibt als freier Parameter für die Optimierung der Modenanpassung nur das Brennweitenverhältnis von Kollimations- und Fokussierlinse $m_{op} = f_F/f_K$.

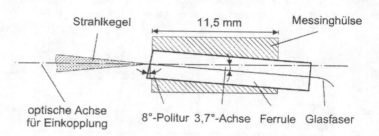

Abbildung 4.3: Montagehülse für schrägpolierte polarisationserhaltende Glasfasern. Die Bohrung unter 3,7° kompensiert die Verkippung des Strahlkegels gegenüber der geometrischen Faserachse und ermöglicht damit die azimutale Justage der Fasern.

Da das Modenprofil der benutzten Diodenlaser und Fasern elliptisch mit unterschiedlichen Achsverhältnissen ist, ergibt sich das optimale Brennweitenverhältnis aus einer Optimierung des Überlappintegrals beider Moden (vgl. Kap. 2.4.2). Die Optimierung ergibt für die verwendeten Diodenlaser (CQL-806/D, $w_{y,DL} = 0,6$ μm) und Fasern (HB 750, $w_{y,F} = 1,3$ μm) nach Gl. 2.31 einen theoretischen Wert von $m_{op,th} = 1,57$. Dabei wurde mit optimal beugungsbegrenzten Leistungsdichteverteilungen und einer ebenen Phasenfront für beide Verteilungen gerechnet. Unter Berücksichtigung von Reflexionsverlusten an den Faserenden folgt aus den Rechnungen eine maximale Koppeleffizienz von 0,84.

Für die Einkopplung wurden nach einer experimentellen Optimierung Preßlinsen mit asphärischer Oberfläche (AH 11, Schott; A 397, Kodak, USA), mit den Brennweiten $f_K = 6,25$ mm für die Kollimationslinse nach dem Diodenlaser und $f_F = 11,00$ mm für die Fokussierlinse vor der Faser eingesetzt. Aus den Brennweiten ergibt sich eine Vergrößerung von $m_{op,ex} = 1,76$. Die relative Abweichung der experimentell optimierten Vergrößerung von der theoretisch optimierten beträgt damit 12 %.

Die experimentell erreichte maximale Koppeleffizienz beträgt 0,61. Es ergibt sich daraus eine Abweichung vom theoretischen Maximum für die Koppeleffizienz um 0,23, die auf die nicht beugungsbegrenzte Strahlqualität der Diodenlaser und auf Linsenfehler zurückzuführen ist.

4.2.2   Justage der optischen Komponenten

Diodenlaser

Der Aufbau der Faserkopplung beginnt mit der Montage des Diodenlasers im temperierten Halter. Der Befestigungsblock besitzt eine Passung für das Diodenlasergehäuse, so daß eine Justage des Gehäuses nur in bezug auf den Azimut und damit der Polarisationsrichtung des Diodenlasers notwendig ist. Die Dimension des Befestigungsblocks ist so gewählt, daß nach optimierter Positionierung der Kollimationslinse ein Klebespalt von 50 bis 150 μm zwischen Linse und Befestigungsblock bestehen bleibt. Diese Spaltgröße ist notwendig, um Toleranzen bei der Herstellung der mechanischen Teile, die Brennweitentoleranz der Linse von $\pm$ 63 μm und die Positionstoleranzen des Diodenlaserchips im Diodenlasergehäuse zu berücksichtigen.

Kollimationslinse
Die Kollimationslinse wird mit einem speziellen Linsengreifer so positioniert, daß der Strahl kollimiert ist. Diese Qualifizierung geschieht über die Bestimmung des Strahldurchmessers in mehreren Metern Entfernung von der Kollimationslinse. Außerdem muß der Strahl auf der vorgesehenen optischen Achse zwischen Diodenlaserchip und Faserkern liegen.

Strahlteiler
Nach der Justage der Kollimationslinse wird der Strahlteiler für die Injektion der Master-Strahlung in den Slave-Laser grob justiert, d.h. er wird auf ca. 45° zur optischen Achse der Faserkopplung eingestellt. Die Feinjustage des Injection-Locking-Prozesses erfolgt nach Abschluß des Systemaufbaus.

Glasfaser
Das Glasfaserende muß in seinem Azimutwinkel justiert werden, um eine Übereinstimmung der Faser-Hauptachsen mit der Polarisationsrichtung der Diodenlaserstrahlung zu erreichen. Dies geschieht durch Drehung der Faser unter gleichzeitiger Beobachtung des Polarisationszustandes der Strahlung am Ausgang der Faser. Für diese Beobachtung wird die durch einen rotierenden Polarisator transmittierte Strahlleistung mit einer Photodiode gemessen [Dan 88]. Das zeitabhängige Signal der Photodiode wird mit einem Oszilloskop angezeigt.

Für linear polarisiertes Licht erhält man ein Sinussignal, dessen Minima gleich null sind, da im Fall eines Winkels von 90° zwischen Analysator und Polarisationsrichtung die Strahlung die Photodiode nicht erreicht. Im Fall von zirkular polarisiertem Licht ist das Photodiodensignal unabhängig vom Drehwinkel und ungleich null. Für die Zwischenzustände von elliptisch polarisiertem Licht erhält man Sinussignale mit unterschiedlichen Amplituden und Minimalwerten ungleich null.

Mit dieser Technik ist eine schnelle Justage der Hauptachsen der Faser bezüglich der Polarisationsrichtung der Diodenlaserstrahlung möglich.

Fokussierlinse
Für die abschließende Einkopplung in die Faser muß die Fokussierlinse mit der o.g. Genauigkeit von 0,67 μm senkrecht zur optischen Achse positioniert werden. Dies wird mit einem Linsengreifer erreicht, dessen Position mit Hilfe von Verschiebetischen und Piezotranslatoren (P-282.10, Physik Instrumente GmbH & Co) mit einer Ortsauflösung von 0,06 μm in den drei kartesischen Richtungen bestimmt werden kann.

Um den Klebespalt zwischen Fokussierlinse und Faserhalter auf ein Minimum zu reduzieren, wird die Relativposition zwischen Linse und Faserende in Richtung zur optischen Achse durch die Position der Faser entsprechend justiert.

4.2.3   Teildynamische Justage der Einkopplung

Für die abschließende Justage der Fokussierlinse zur Einkopplung in die Glasfaser ist eine sehr hohe räumliche Auflösung notwendig. Bedingt durch die geometrischen Dimensionen der optischen und mechanischen Bauteile im Bereich einiger Millimeter wird die Suche nach der optimalen Position mit einem iterativen Verfahren sehr zeitaufwendig. Aus diesem Grund wird die Positionierung der Fokussierlinse teildynamisch durchgeführt (vgl. Abb. 4.4).

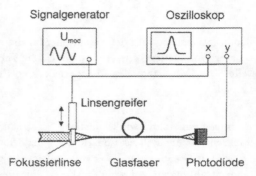

Abbildung 4.4: Experimenteller Aufbau für die teildynamische Justage der Einkopplung in eine Grundmode-Faser.

Dazu wird an einen der Piezotranslatoren des Linsengreifers für die Bewegung senkrecht zur optischen Achse eine Sinusspannung angelegt und damit die Linse über einen Bereich von ca. 6 μm alternierend bewegt. Die Modulationsspannung wird gleichzeitig an die x-Ablenkung eines Oszilloskops angelegt. Die Ausgangsleistung am Faserende wird über eine Photodiode gemessen und über die y-Ablenkung des Oszilloskops angezeigt. Damit ist eine positionsempfindliche Anzeige der Ausgangsleistung für einen linearen Bereich der Fokusposition relativ zum Faserkern von 6 μm während des Justagevorgangs möglich. Die Ansteuerung der zweiten Piezoachse und die mechanische Verschiebung der Faser in Richtung der optischen Achse wird manuell vorgenommen.

Der verbleibende manuelle Justageaufwand reduziert sich durch diese Strategie erheblich, da über die Amplitude und Form des Oszilloskopsignals die Qualität der Justage bestimmt werden kann. Für den Klebevorgang wird die dynamische Achse über einen Offset so justiert, daß bei fehlender Modulationsspannung ein maximales Signal am Faserausgang entsteht.

4.2.4   Fixierung der Einkopplung

Für die Einkopplung werden die optischen Komponenten in der Reihenfolge Kollimationslinse, Faser und Fokussierlinse nach Abschluß der jeweiligen Justage geklebt. Aus dieser
Reihenfolge ergibt sich die höchste Positionieranforderung bei der abschließenden Fixierung der Fokussierlinse, da mit dieser alle verbleibenden Fehler korrigiert werden müssen.
Die Geometrie des Faserhalters und die Fokussierlinse ist in Abb. 4.5 dargestellt.

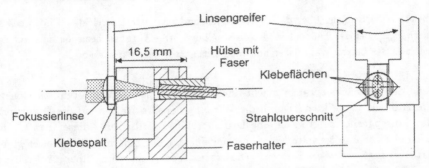

Abbildung 4.5: Schnitt entlang und Ansicht senkrecht zur optischen Achse des konstruier-
ten Faserhalters. Die Fokussierlinse fokussiert die kollimierte Strahlung auf das Faserende;
sie wird mit dem Linsengreifer positioniert und durch symmetrische Klebeflächen fixiert.

Um die Auswirkungen des Kleberschrumpfes zu minimieren, sind die Klebepunkte der Fokussierlinse symmetrisch am Faserhalter angeordnet. Nach Auftragen des Klebers und der
Positionierung der Linse erfolgt die Aushärtung des Klebers mit einer speziellen Beleuch-
tungseinrichtung mit einem hohen UV-Strahlungsanteil (CS100-EC, Coherent GmbH).
Die Aushärtzeiten liegen zwischen 5 und 10 Minuten, je nach optischer Zugänglichkeit
der Klebestelle.

Es zeigte sich, daß für die Stabilität der Klebung in bezug auf Drift während des Aus-
härtens wie auch auf Bewegung der Linsen nach Lösen des Linsengreifers die Größe des
Klebespaltes zwischen Linse und Oberfläche des Halters von entscheidender Bedeutung
ist. Eine Reduzierung dieses Spaltes auf Werte zwischen 50 und 100 μm ergab gute
Ergebnisse für die Einkoppeleffizienzen nach der Fixierung.

Für 19 Klebevorgänge wurden die Einkoppeleffizienzen aus dem Verhältnis der Leistung
nach der Kollimation im Lasersystemkopf und vor der Fokussierlinse bestimmt. Der
Mittelwert der Einkoppeleffizienz für die 19 Kanäle ohne Klebung ist 0,46. Während des
Klebevorgangs fällt dieser Wert auf 0,40 ab.

Diese Werte der Einkoppeleffizienz werden durch die begrenzende Apertur der Kollimationslinsen im Linsenarray gegenüber dem zuvor genannten theoretischen und experimentellen Maximalwert reduziert. Bei einer freien Apertur von 6 mm, einer Linsenbrennweite
von 21 mm und einer numerischen Apertur der Faser von 0,15 beträgt diese Reduktion

15 %. Die um diesen Anteil korrigierten Einkoppeleffizienzen sind in Tab. 4.1 zusammengefaßt.

	Theorie	System	System-Mittelwert	
	Maximum		ohne Klebung	mit Klebung
η_{kopp}	0,84	0,61	0,53	0,46
σ	0	0	0,05	0,06

Tabelle 4.1: Übersicht über die theoretischen und im System erreichten Einkoppeleffizienzen η_{kopp} bei der Diodenlaser-Faser-Kopplung. Die Angaben beziehen sich auf das Verhältnis der Leistung am Faserende zur Leistung vor der Fokussierlinse.

Während des Aushärtevorgangs machte sich ein Effekt der nicht kräftefreien Konstruktion des Aufbaus bemerkbar. Durch die Wirkung der Gravitation auf die Fokussierlinse und den Linsengreifer zeigte sich eine Drift der Linse in Richtung dieser Kraft. Dieser Effekt kann durch eine gezielte Kompensationsjustage der Linsenposition vor Beginn des Aushärtevorgangs reduziert werden. Die statistische Auswertung über 18 Positionier- und Klebevorgänge liefert eine notwendige Kompensationsjustage von 0,9 μm entgegen der Richtung der Gravitationskraft.

Ausgehend von der über die 19 Kanäle gemittelten Einkoppeleffizienz von 0,53 ohne Klebung der Fokussierlinse, ergibt sich durch den Klebevorgang eine Abnahme auf 0,46. Berechnet man unter der Annahme einer Gaußschen Verteilung mit einer vollen Breite bei $1/e^2$ von 4,8 μm die aus dieser Abnahme resultierende lineare Verschiebung der Linsen zurück, erhält man einen Wert von 0,79 μm, d.h. während der Klebung wurden die Linsen um 16 % des Fokusdurchmessers aus ihrer optimalen Position verschoben. Dieser Wert könnte durch eine Optimierung des Kompensationsprozesses oder einen kräftefreien Aufbau verringert werden.

Bezüglich des Lösens des Greifers nach der Aushärtung des Klebstoffs kommt der Konstruktion des Greifers eine entscheidende Bedeutung zu, da dieses Lösen möglichst kräftefrei in bezug auf die Linse geschehen sollte. Bei einer zu großen Kraft auf die Linse und auf die Klebeverbindung kann es zu einer plastischen Verformung des Klebermaterials und damit zu einer dauerhaften Fehlpositionierung der Linse kommen. Dieses Problem wurde durch eine symmetrische Konstruktion des Greifers gelöst. Beim Öffnen des Greifers werden die Greiferarme durch eine sich drehende Ellipsenscheibe von der Linse weggedrückt. Dies gewährleistet, daß einseitige Belastungen der Klebeverbindung durch Scherkräfte minimiert werden.

4.3 Realisierung der kohärenten Kopplung

Um einen stabilen kohärenten Betrieb der Slave-Laser zu gewährleisten, muß der optomechanische Aufbau die Kriterien einer mechanisch stabilen Injektion der Master-Leistung und der notwendigen Temperaturstabilität der Slave-Laser erfüllen. In den folgenden Unterkapiteln werden die dazu notwendigen Komponenten detailliert beschrieben.

4.3.1 Injektion der Master-Leistung in die Slave-Laser

Die kohärente Kopplung wird durch die Injektion der Strahlung eines stabilisierten Master-Lasers über Strahlteiler in die Slave-Resonatoren realisiert. Bei einem System mit mehreren Slave-Lasern sollte die injizierte Leistung für alle Slave-Laser möglichst gleich sein, um homogene Bedingungen beim Injection-Locking zu erreichen.

Eine Baumstruktur aus 50 %-Strahlteilern würde eine homogene Leistungsverteilung ermöglichen. Der Nachteil einer solchen Struktur ist jedoch die hierarchische Justage der Strahlwege vom Master-Laser zu den einzelnen Slave-Lasern, d.h. für einen Slave-Laser muß mehr als ein Strahlteiler justiert werden, um die Injektion der Master-Strahlung zu optimieren.

Bei einer Kette von Strahlteilern mit der Reflektivität R erhält jeder Slave-Laser eine Injektionsleistung $\delta I_{M,j}$, die mit der Position j in der Kette exponentiell abnimmt:

$$\delta I_{M,j} = R \cdot I_{M,j} = R \cdot I_M \left(1 - R\right)^{(j-1)}. \tag{4.1}$$

Bei ausreichend kleiner Reflektivität R und einer kleinen Anzahl von Strahlteilern kann der Einfluß der vorhergehenden Verluste auf die injizierte Leistung $\delta I_{M,j}$ vernachlässigt werden. Die Justage des Strahlweges ist bei einer Kette mit nur einem Strahlteiler je Slave-Laser möglich.

Im System wird die Verteilung der Master-Leistung auf die 19 Slave-Laser durch eine Verbindung von Baum- und Kettenstruktur realisiert. Abb. 4.6 zeigt den optischen Aufbau, der aus einem 50 %-Strahlteiler und 19 Strahlteilern in zwei Ketten besteht. Als Strahlteiler in den Ketten werden unbeschichtete Glasplatten unter p-Polarisation und einem Reflexionswinkel von 45° eingesetzt. Daraus ergibt sich eine Reflexion von je 0,8 % für Vorder- und Rückseite der Platten. Die relative Differenz der Injektionsleistung zwischen erstem und zehntem Strahlteiler beträgt nach Gl. 4.1 14 % und kann vernachlässigt werden.

Um eine hohe Frequenzstabilität zu erreichen, ist der Master-Laser temperaturgeregelt. Die divergente Strahlung des Masters wird mit einem Kollimationsobjektiv ($f = 5$ mm) kollimiert. Zwei optische Isolatoren (FR 700/8, Gsänger Optoelektronik GmbH) mit je 30 dB Rückwärtsdämpfung schützen den Master-Laser vor Rückreflexen von den Slave-Lasern, die zu einer Kohärenzminderung führen können [Len 85].

Mit einem 50 %-Strahlteiler wird der Master-Strahl in zwei gleiche Leistungsanteile für die zwei Äste mit 9 und 10 Slave-Lasern aufgeteilt. Für die Justage von Strahlhöhe und -richtung werden pro Ast zwei weitere Umlenkspiegel benötigt. Die Strahlen werden so justiert, daß sie parallel zur optischen Aufbauplatte in der Höhe der optischen Achse der Slave-Laser-Faserkopplung verlaufen. Mit den Strahlteilern vor den Slave-Lasern ist dann für jeden Slave-Laser eine Optimierung des Modenüberlapps mit dem Master-Strahl möglich.

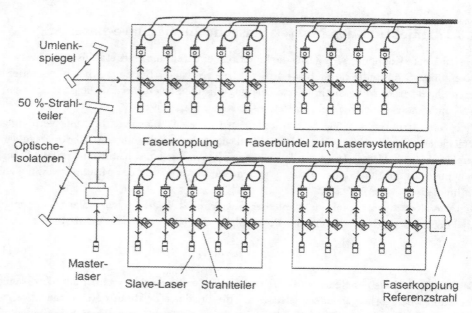

Abbildung 4.6: Verteilung der Master-Leistung auf die Slave-Laser des Systems. Durch einen 50 %-Strahlteiler wird die Master-Leistung auf die zwei Äste mit 10 und 9 Slave-Lasern aufgeteilt. Mit jeweils einem Strahlteiler pro Slave wird die Einkopplung in die Slave-Resonatoren realisiert.

Die in die Slave-Laser eingekoppelte Master-Leistung ergibt sich aus der Betriebsleistung des Masters, den Verlusten an den optischen Komponenten, den Strahlteilerverhältnissen und der Effizienz bei der Einkopplung in die Slave-Laser. Während die Leistungen des Masters direkt vor den Slave-Resonatoren meßbar ist, ist die tatsächlich eingekoppelte Leistung nur schwer zu erfassen [Kob 81], sie wird deshalb im folgenden abgeschätzt.

Die Kopplung ist mit der in eine Grundmode-Glasfaser vergleichbar, wobei der deutlich größere Brechungsindex des Halbleitermaterials und damit die größeren Reflexionsverluste an der Grenzfläche zur Luft berücksichtigt werden müssen. Setzt man für den Reflexionsverlust 30 % ($n_{HL} = 3,5$) und für die Einkoppeleffizienz aus dem Modenüberlapp 0,70 an, so erhält man für die Koppeleffizienz zwischen Master und Slave einen Wert von 0,49. Bei einer Master-Leistung von 25 mW beträgt die Leistung von einer Seite der Strahlteiler direkt vor den Slave-Lasern im Mittel 65 μW. Berücksichtigt man für die Slave-Kollimationslinsen eine Transmission von 97 %, so erhält man mit der oben abgeschätzten Koppeleffizienz von 0,49 eine eingekoppelte Leistung von 31 μW. Bei einer mittleren Betriebsleistung der Slave-Laser von 17,0 mW ergibt sich nach Gl. 2.23 ein Locking-Range von $\Delta \nu_L = 2{,}6$ GHz ($\Delta \lambda_L = 4 \cdot 10^{-3}$ nm).

4.3.2 Optimierung des Injection-Locking-Prozesses

Die Initialisierung und Optimierung des Injection-Locking-Prozesses besteht aus der Anpassung der absoluten spektralen Lage der Slave-Longitudinalmoden an die Emissionsfrequenz des Master-Lasers. Diese Anpassung wird durch eine Änderung der Temperatur und des Betriebsstroms der einzelnen Slave-Laser erreicht. Weiterhin ist die Optimierung des Überlapps der räumlichen Modenprofile von Master und Slave mit den Strahlteilern vor den Slave-Lasern notwendig.

Die Optimierung ist damit ein iterativer Prozeß, bei dem Temperatur und Betriebsstrom der Slave-Laser sowie der Modenüberlapp abwechselnd justiert werden müssen. Kriterien für die Qualität der kohärenten Kopplung sind das Emissionsspektrum des Slave-Lasers und die Kohärenz zwischen Master und Slave. Für die Beurteilung der Emissionsspektren der Slave-Laser während der Optimierung wird die Strahlung von Master und Slave über eine Multimode-Glasfaser in einen Monochromator eingekoppelt. Über eine CCD-Kamera, die sich in der Ebene des Ausgangsspaltes des Monochromators befindet, können dann die Modenspektren der Laser beobachtet werden. Die Kohärenz kann qualitativ mit Hilfe der interferometrischen Überlagerung von Master- und Slave-Laser auf einer CCD-Kamera beurteilt werden.

Zu Beginn der Justage werden die räumlichen Modenprofile von Master und Slave visuell mit Hilfe der Strahlteilereinstellung zum Überlapp gebracht. Auch bei nicht optimal abgestimmten Slave-Longitudinalmoden läßt sich dabei ein Effekt der Master-Strahlung auf das Slave-Spektrum beobachten. Um diesen Effekt zu verstärken, wird der Strom des Slave-Lasers variiert. Durch abwechselnde Justage von Strahlteiler und Strom wird die Einstellung mit möglichst hoher Seitenmodenunterdrückung im Slave-Spektrum und maximalem Kontrast im Interferenzbild gesucht. Abschließend wird die Gehäusetemperatur des Slave-Lasers so angepaßt, daß bei maximaler Kohärenz der Betriebsstrom auf eine große optische Ausgangsleistung der Slave-Laser eingestellt werden kann. Dies ist aufgrund der vergleichbaren Wirkung von Betriebsstrom und Gehäusetemperatur auf die Diodenlaser-Chiptemperatur möglich.

Dieser iterative Prozeß der Justage von zwei Parametern (Strom und Strahlteilerposition) ist zeitlich sehr aufwendig. Zur Reduzierung dieses Aufwandes ist ein teildynamischer Prozeß möglich. Dafür wird über eine externe Modulationsspannung der Strom der Slave-Laser über einen Bereich von ca. 2 mA moduliert. Dies entspricht nach Gl. 3.1 einem Frequenzbereich von 7,2 GHz. Gibt man das Modulationssignal auf den x-Eingang und das Kontrastsignal der interferometrischen Überlagerung von Master und Slave auf den y-Eingang eines Oszilloskops, kann die Kohärenz für den modulierten Bereich des Slave-Laserstroms beobachtet werden (vgl. Kap. 3.1.2). Der Strahlteiler wird dann so justiert, daß die mit dem Oszilloskop dargestellte Kohärenz in Abhängigkeit des Stroms ein möglichst hohes Maximum und eine möglichst große Breite aufweist.

4.3.3 Temperaturstabilisierung der Diodenlaser

Um die Frequenz einer Resonatormode der Slave-Laser in den Frequenzbereich des Locking-Range zu schieben und zu stabilisieren, werden Strom und Temperatur der Slave-Laser variiert und geregelt.

Für die Temperaturregelung werden Peltierelemente zwischen Diodenlaserhalter und Aufbauplatte eingesetzt. Zusammen mit einem Thermistor als Temperatursensor, der in einer Bohrung im Halter befestigt ist, und einer kommerziellen Regelelektronik (HY-5610, Hytek Microsystems Inc., USA) wird die Temperatur des Diodenlasergehäuses stabilisiert.

Durch die thermische Ankopplung des Halters und des Halteblocks an die Umgebungsluft kommt es zu einem Temperaturgradienten über dem Volumen der Konstruktion. Da der Thermistor im Halteblock zwischen Diodenlasergehäuse und Peltier-Element befestigt ist, bewirkt dieser Gradient, daß zwischen Thermistor und Diodenlaserchip eine Temperaturdifferenz besteht. Diese ist von der Lufttemperatur und der eingestellten Regeltemperatur abhängig.

Ein weiterer Einfluß auf die Gehäusetemperatur der Laser ist durch wechselnde Konvektionsverhältnisse an den Haltern gegeben. Bei starker Luftbewegung kommt es zu einer starken Kopplung an die Umgebungsluft und damit zu einem veränderten Temperaturgradienten über dem Halter. Die Konvektionsverhältnisse werden deshalb durch eine Haube über dem optischen Aufbau stabilisiert.

Eine vollkommene Entkopplung von den Umgebungsbedingungen ist für den realisierten Aufbau nur schwer zu erreichen. Mit der beschriebenen Regelung und den Vorkehrungen zur Konvektionsunterdrückung konnte eine Temperaturstabilität des Diodenlaser-Halteblocks $\Delta T_{Block}/\Delta T_U$ von ca. 51 mK/K erreicht werden.

Bei einem Temperaturgradienten von 34,2 GHz/K für die Modenfrequenz (Gl. 3.3) ergibt sich damit eine Frequenzstabilität pro 1 K Umgebungstemperaturänderung von

$$\frac{\Delta \nu}{\Delta T} \cdot \frac{\Delta T_{Block}}{\Delta T_U} = 34,2 \, \frac{\text{GHz}}{\text{K}} \cdot \frac{51 \, \text{mK}}{\text{K}} = 1,74 \, \frac{\text{GHz}}{\text{K}}. \tag{4.2}$$

Bei einem Locking-Range von 2,6 GHz reicht diese Temperaturstabilität bei den üblichen Raumtemperaturschwankungen für einen stabilen kohärenten Betrieb nicht aus. Ein Lösungsansatz für eine weiterführende Regelung ist die aktive Stabilisierung der Kohärenz, deren Prinzip und Realisierung in Kap. 4.6 beschrieben ist.

4.4 Lasersystemkopf

Der Lasersystemkopf hat die Aufgabe, die aus den Faserenden austretende divergente Strahlung der Slave-Laser durch optische Transformation mit möglichst geringen Leistungsverlusten auf das Werkstück zu bringen. Außerdem ist ein Abgleich der Phasen der Einzellichtwellen nach der Propagation durch die Glasfasern notwendig.

4.4.1 Optomechanischer Aufbau

Die Realisierung des Lasersystemkopfes zeigt Abb. 4.7. Die divergente Strahlung der Slave-Laser aus den Glasfasern wird mit den Einzellinsen des Linsenarrays kollimiert. Dieses besteht aus einer Halteplatte mit eingeklebten Einzellinsen und einer weiteren

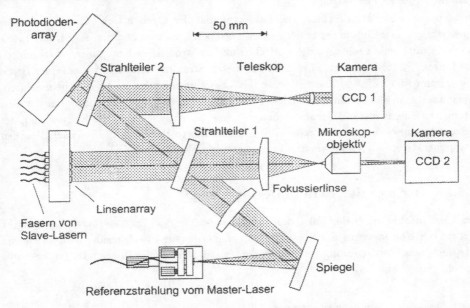

Abbildung 4.7: Aufbau des Lasersystemkopfes. Die divergente Strahlung aus den Faserenden wird mit dem Linsenarray kollimiert und mit Hilfe des Strahlteilers 1 mit der Master-Strahlung überlagert. Das Photodiodenarray liefert die Signale für die Phasenregelung. Die Kameras CCD 1 und CCD 2 dienen zur qualitativen Kontrolle des Kohärenzgrades bzw. der Überlagerung der 19 Slave-Laser im Systemfokus.

Halteplatte zur Aufnahme der Glasfasern. Die kollimierte Strahlung tritt durch Strahlteiler 1, der eine Reflektivität von 3,4 % hat und zwischen dessen Vorder- und Rückseite ein Keilwinkel von 0,75° besteht. Die transmittierte Leistung wird mit einem Achromat der Brennweite $f_{LF} = 200$ mm fokussiert und der Fokus zur Beobachtung mit Hilfe eines 20-fach Mikroskopobjektives vergrößert auf CCD-Kamera 2 abgebildet.

Der reflektierte Anteil von Strahlteiler 1 wird mit einem Teil der Strahlung des Master-Lasers auf einem Photodiodenarray überlagert. Aus der interferometrischen Überlagerung der Strahlung des Master-Lasers und je eines Slave-Lasers auf einer Photodiode läßt sich die Phasenlage der Slave-Strahlung bestimmen. Dieses Signal dient als Eingangssignal für die Phasenregelung. Der Reflex von der Rückseite des Strahlteilers 1 hat keinen Einfluß auf das Photodiodensignal, da dessen Phasenfront gegenüber dem Master-Strahl verkippt ist und die interferometrische Überlagerung mit einer hohen Raumfrequenz moduliert ist. Das Bild der interferometrischen Überlagerung wird über den Strahlteiler 2 und ein verkleinerndes Teleskop auf CCD-Kamera 1 abgebildet. Über den Kontrast des Interferenzbildes ist damit eine direkte qualitative Bewertung der Kohärenz aller 19 Slave-Laser während des Betriebs möglich.

Die geometrischen Mindestmaße des Lasersystemkopfes ergeben sich aus der Größe des Linsenarrays. Der Durchmesser der Einzellinsen beträgt 7 mm und der des Strahlbündels damit 35 mm. Alle nachfolgenden optischen und elektronischen Komponenten (Strahlteiler, Linsen, Photodiodenarray) müssen auf diesen Strahlbündeldurchmesser in der Größe abgestimmt sein. Eine Miniaturisierung des Lasersystemkopfes muß daher beim Linsenarray ansetzen, das in der verwendeten Version aus Einzellinsen besteht. Bei der Fertigung aus einem monolithischen Substrat sollte jedoch eine deutliche Reduzierung des Gesamtdurchmessers möglich sein. Die miniaturisierte Herstellung aller nachfolgenden Komponenten ist im Vergleich zum Linsenarray problemlos möglich.

4.4.2 Justage der Strahlüberlagerung

Der Gesamtfokus nach der Fokussierlinse (Brennweite f_{LA}) im Lasersystemkopf ergibt sich aus der Überlagerung der Einzelstrahlen. Diese genaue Überlagerung wird durch eine entsprechende Positionierung der Faserenden relativ zu den Einzellinsen des Linsenarrays erreicht (vgl. Abb. 4.8).

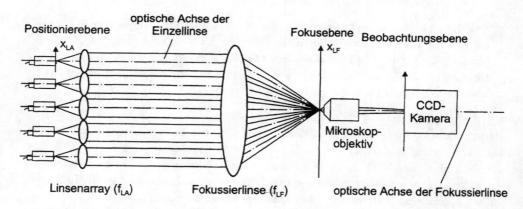

Abbildung 4.8: Experimenteller Aufbau zur Justage der Faserenden relativ zu den Einzellinsen des Linsenarrays. Durch die vergrößerte Abbildung der Fokusebene auf die CCD-Kamera wird die Position der Einzelfoki kontrolliert.

Jede Einzellinse des Linsenarrays (Brennweite f_{LA}) bildet mit der fokussierenden Linse ein Teleskop mit der Vergrößerung:

$$m_{LF,LA} = \frac{f_{LF}}{f_{LA}} = \frac{200\,\text{mm}}{21\,\text{mm}} = 9,5. \tag{4.3}$$

Die optimale Überlagerung der Einzelstrahlen ergibt sich, wenn die jeweiligen Faserenden auf den optischen Achsen der Einzellinsen liegen und diese wiederum parallel zur optischen Achse der fokussierenden Linse sind. Bei einer Abweichung von der optischen Achse um einen Wert Δx_{LA} in der Positionierebene (vgl. Abb. 4.8) kommt es entsprechend der Brennweite f_{LA} zu einem Winkelfehler im kollimierten Strahl:

$$\Delta\theta = \frac{\Delta x_{LA}}{f_{LA}}. \tag{4.4}$$

Nach der Fokussierung wird dieser Winkelfehler wieder in einen Positionsfehler Δx_{LF} in der Fokusebene transformiert:

$$\Delta x_{LF} = \Delta\theta \cdot f_{LF}. \tag{4.5}$$

Die räumlichen Dimensionen zwischen Positionierebene und Fokusebene skalieren damit entsprechend der Vergrößerung der Teleskopanordnung:

$$\Delta x_{LF} = \frac{f_{LF}}{f_{LA}} \Delta x_{LA} = m_{LF,LA} \Delta x_{LA}. \tag{4.6}$$

Normiert man den Positionsfehler auf den Durchmesser des Einzelfokus w in der entsprechenden Ebene, so ist dieser unabhängig von der Vergrößerung:

$$\Delta x_{norm} = \frac{\Delta x_{LF}}{w_{LF}} = \frac{\Delta x_{LA}}{w_{LA}}, \tag{4.7}$$

da auch der Einzelfokus entsprechend der Vergrößerung skaliert:

$$w_{LF} = m_{LF,LA} w_{LA} = m_{LF,LA} w_F. \tag{4.8}$$

Der Wert w_F gibt den Durchmesser auf der Endfläche der Faser an. Eine Fokusvergrößerung aufgrund von optischen Aberrationen bleibt bei diesen rein geometrischen Betrachtungen unberücksichtigt.

Die Größe des Gesamtfokus nimmt durch die Fehlpositionierung von Einzelfasern zu. Unter der Annahme einer tolerierten Vergrößerung $\Delta x_{norm,max}$ des Gesamtfokus um 10 % gegenüber dem Einzelfokusdurchmesser, muß die Positionierung der Faserenden relativ zu den Einzellinsen mit einer Genauigkeit von kleiner

$$\Delta x_{LA,max} = \Delta x_{norm,max} w_F = 0,1 \cdot 4,8\,\mu\text{m} = 0,48\,\mu\text{m}$$

in den Richtungen senkrecht zur optischen Achse erfolgen. Diese hohen Positionier- und Fixieranforderungen entsprechen denen der Diodenlaser-Faser-Kopplung und müssen mit einem entsprechenden Positionierkonzept erfüllt werden.

Dazu wurden im Rahmen einer Diplomarbeit [Hop 97] nähere Untersuchungen durchgeführt, die als Ziel die Optimierung eines Positionier- und Fixierprozesses hatte. Das
resultierende Verfahren wurde auf die speziellen Anforderungen des hier beschriebenen
Systems angepaßt.

In Abb. 4.9 ist die Anordnung von konfektionierten Faserenden, der Halteplatte und Einzellinsen des Linsenarrays dargestellt. Die Konfektionierung der Faserenden mit Ferrul,
Schrägpolitur und Hülse ist der für die Einkopplung beschriebenen gleich. Die Hülse
wird für die Positionierung mit einem Haltefinger gehalten, der eine an den Hülsenaußen-
durchmesser angepaßte zylindrische Aufnahmefläche hat. Mit Hilfe eines flexiblen Stahl-
bandes wird die Hülse gegen diese Fläche gepreßt und somit gehalten. Das Stahlband
wird mit einem Elektromagneten gespannt, über dessen Betriebsspannung eine Einstellung der Haltekraft und das praktisch kräftefreie Lösen des Haltefingers nach erfolgter
Aushärtung des Klebers möglich ist. Die Positionierung des Haltefingers geschieht über
zwei Rotationsachsen und drei kartesische Achsen.

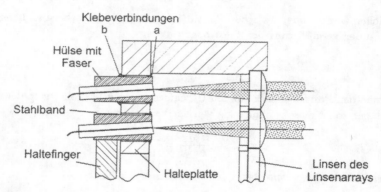

Abbildung 4.9: Querschnitt durch das Linsenarray. Die konfektionierten Faserenden werden mit dem Haltefinger positioniert und durch die Klebeverbindungen a und b in der
Halteplatte fixiert.

Vor der räumlichen Justage der Faser in der Halteplatte des Linsenarrays wird die Polarisationsrichtung der aus den Fasern austretenden Strahlung durch Drehen der Faser im
Halter in eine für alle Fasern gleiche Richtung eingestellt. Die räumliche Justage wird
mit Hilfe der Gesamtfokusabbildung auf der CCD-Kamera 2 des Lasersystemkopfes kontrolliert. Die Auflösung der optischen Justagekontrolle mit der CCD-Kamera ist durch
die Vergrößerung des Mikroskopobjektivs und die Ausleuchtung des CCD-Kamerachips
gegeben. Bei dem gewählten Aufbau entspricht der Durchmesser eines Einzelfokus 68
Bildpunkten des CCD-Chips. Mit einem an die CCD-Kamera angeschlossenen Strahl-
diagnosesystem ist die Positionsbestimmung des Einzelstrahlfokus bis auf 2 Bildpunkte

möglich. Daraus ergibt sich eine Positionsauflösung δx_{LA} von:

$$\delta x_{LA} = \frac{2}{68} \, w_F = \frac{2}{68} \cdot 4,8\,\mu\mathrm{m} = 0,14\,\mu\mathrm{m}.$$

Diese Auflösung ist für die Justage der Überlagerung der Einzelfoki ausreichend und unterschreitet die mit dem Klebeprozeß erreichbare Fixiergenauigkeit.

4.4.3 Montage der Faserenden im Linsenarray

Die Justage der Faserenden in der Halteplatte des Linsenarrays muß so optimiert werden, daß es zu einem Überlapp der Einzelfoki im Gesamtfokus kommt. Außerdem darf die Hülse am Faserende nicht in Kontakt mit den Bohrungswänden in der Halteplatte kommen (vgl. Abb. 4.9). Bei einem mechanischen Kontakt würden Kräfte entstehen, die nach einer abgeschlossenen Klebung und nach dem Lösen des Haltefingers vom Klebstoff aufgenommen werden müßten. Da dieser eine elastische Konsistenz hat, würde es zu Deformationen des Klebermaterials und damit zu Abweichungen von der optimalen Position kommen.

Bei der Klebung wird die Hülse zunächst nur am vorderen, dem Linsenarray zugewandten, Ende mit der Halteplatte verklebt (Klebeverbindung a). Dazu wird nur der vordere Teil der Hülse mit Klebstoff benetzt und in die Bohrung der Halteplatte eingeführt. Nach abgeschlossener Feinpositionierung wird der Klebstoff durch das Linsenarray mit UV-Strahlung beleuchtet und damit ausgehärtet. Durch das Lösen des Haltefingers verändert sich die Position des beobachteten Einzelfokus in der Brennebene des Gesamtfokus. Die experimentell bestimmte Abweichung von der optimalen Position beträgt im Mittel einen halben Fokusdurchmesser w_F.

Da die Hülse nur im vorderen Bereich verklebt ist, ist eine wiederholte Feinjustage der Faserposition möglich. Diese wird mit Hilfe eines dreiachsigen, manuell einstellbaren Verschiebetisches durchgeführt. Die Kraftübertragung geschieht in diesem Fall über einen Dorn, der am freien Ende der Hülse angesetzt wird und diese in die entsprechende Richtung für eine Positionskorrektur schiebt. Nach der Positionierung wird auch der hintere Teil durch eine Klebung fixiert (Klebeverbindung b in Abb. 4.9).

Für die Klebung von 18 Faserenden nach dieser Methode wurde eine mittlere Abweichung von der Schwerpunktposition des Gesamtfokus um $\pm\,7{,}7$ % des Einzelfokusdurchmessers w_{LA} gemessen.

Ein Nachteil der Klebestrategie ist die Einwirkung von Kräften auf das ausgehärtete Klebermaterial in der Klebeverbindung a. Dadurch werden Spannungen im Klebermaterial induziert, die mit der Standzeit relaxieren und zu Positionsänderungen führen. Für die Dokumentation dieser Änderungen wurden die Positionen der Einzelfoki in der Fokusebene in unregelmäßigen Abständen für Zeiten bis zu 124 Tagen nach der Klebung gemessen. Die mittlere Abweichung der Einzelfoki vom Schwerpunkt des Gesamtfokus ist in dieser Zeit in Richtung der Gravitationskraft von $\pm\,7{,}8$ % auf $\pm\,14{,}6$ % angewachsen. Für die Richtung senkrecht zur Gravitationskraft ergibt sich eine Zunahme von $\pm\,7{,}6$ % auf

± 11,1 %. Außer der Vorzugsrichtung bezüglich der Gravitation ist keine Systematik bei der Verteilung der Einzelfoki in Abhängigkeit der Standzeit zu erkennen.

4.5   Phasenregelung

Die Notwendigkeit zur Stabilisierung der Phase der einzelnen Slave-Lichtwellen ergibt sich aus der angestrebten kohärenten Überlagerung und den zeitlich variierenden optischen Weglängen durch z.B. mechanische Belastungen des optomechanischen Aufbaus und der Fasern. Ziel der Regelung der Slave-Phasen ist es, eine ebene Wellenfront über die Gesamtapertur des Linsenarrays und damit eine maximale Leistungsdichte bei der Fokussierung des Strahlbündels zu erreichen. Für den Aufbau des Phasen-Regelkreises ist die Messung des Phasen-Istwertes, ein Phasenstellglied und eine elektronische Regelung notwendig.

4.5.1   Messung des Phasen-Istwertes

Die orts- und zeitabhängige Messung der Phase einer Lichtwelle ist nur relativ zu einer Referenzphase möglich. Diese Referenzphase ist im beschriebenen System durch die Phase des Master-Lasers gegeben, mit der die Phasenfronten der Slave-Laser im Lasersystemkopf überlagert werden.

Die orts- und zeitabhängige Leistungsdichte im Interferenzbild $I(x,t)$ folgt aus dem formalen Zusammenhang [Lau 93]:

$$I(x,t) = 2\,I_0\left[1 + \cos\left(\Phi\left(x,t\right)\right)\right], \qquad (4.9)$$

I_0 gibt darin die Leistungsdichte der zwei überlagerten Felder an. Die Phase $\Phi(x,t)$ zwischen Master- und Slave-Strahl ist im allgemeinen von Ort und Zeit abhängig. Aus der Periodizität der Cosinus-Funktion ergibt sich, daß die Umkehrfunktion von Gl. 4.9 nicht eindeutig ist. Eine eindeutige Berechnung der Phasenwerte aus einem gegebenen Leistungsdichtewert $I(x,t)$ ist damit nicht möglich. Diese Eindeutigkeit erhält man erst durch die zusätzliche Berücksichtigung des Gradienten von $I(x,t)$ bezüglich des Ortes oder der Zeit.

Der räumliche Gradient $\partial I(x,t)/\partial x$ läßt sich, wie in Abb. 4.10 a) gezeigt, durch eine definierte Verkippung der Wellenfronten von Master und Slave gegeneinander und durch zwei räumlich getrennte Detektoren an den Orten x_1 und x_2 bestimmen:

$$\frac{\partial I(x,t)}{\partial x} = \frac{I_2 - I_1}{x_2 - x_1}. \qquad (4.10)$$

Um eine Eindeutigkeit zu erreichen, muß der räumliche Abstand zwischen den Detektoren auf die Verkippung der Wellenfronten abgestimmt sein. Für eine maximale Auflösung bei der Phasendetektion muß die Detektion außerdem im Bereich der Flanken der Leistungsdichteverteilung erfolgen.

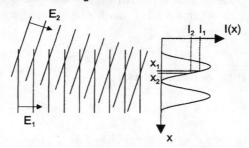

a) räumlicher Phasengradient

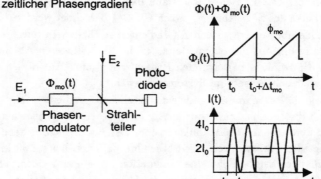

b) zeitlicher Phasengradient

Abbildung 4.10: Bestimmung der Phasendifferenz zwischen zwei elektrischen Feldern über (a) einen räumlichen oder (b) zeitlichen Phasengradient. Für die Erzeugung des zeitlichen Gradienten ist die Phasenmodulation eines der Felder notwendig.

Für die Messung eines zeitlichen Gradienten $\partial I\left(x,t\right)/\partial t$ ist die zeitliche Modulation der Phasendifferenz zwischen den überlagerten Feldern notwendig. Wie in Abb. 4.10 b) gezeigt, wird dazu die Phase eines der elektrischen Felder zeitlich mit der Abhänigkeit $\Phi_{mo}\left(t\right)$ moduliert. Aus der interferometrischen Überlagerung mit einem Strahlteiler folgt dann die zeitabhängige Leistungsdichte $I\left(t\right)$, die in diesem Fall mit nur einem Detektor gemessen wird. Mit einer sägezahnförmigen Modulation der Phasendifferenz mit der positiven Steigung ϕ_{mo} folgt nach Gl. 4.9 eine periodische Abhängigkeit der Leistungsdichte von $\Phi_{mo}\left(t\right)$ während der Periode Δt_{mo}:

$$I\left(t\right) = 2\,I_0\left[1 + \cos\left(\Phi_i\left(t\right) + \Phi_{mo}\left(t\right)\right)\right], \qquad (4.11)$$

$$\text{mit} \qquad \Phi_{mo}\left(t\right) = \frac{\partial\Phi_{mo}}{\partial t}\,t = \phi_{mo}\,t. \qquad (4.12)$$

Für die Bestimmung des Phasen-Istwerts $\Phi_i\left(t_0\right)$ wird die Zeitdifferenz zwischen Startzeit

des Sägezahns t_0 und dem Zeitpunkt t_i für den die Leistungsdichte $I\left(t_i\right)$ gleich $2I_0$ und
der Gradient $\partial I\left(t_i\right)/\partial t < 0$ ist gemessen (vgl. auch Abb. 4.10). Nach Gl. 4.11 sind diese
Bedingungen für den Fall

$$\Phi_i\left(t_i\right) + \Phi_{mo}\left(t_i\right) = \pi \tag{4.13}$$

erfüllt. Aus Gl. 4.13 folgt für den Phasen-Istwert:

$$\Phi_i\left(t_0\right) \approx \Phi_i\left(t_i\right) = \pi - \Phi_{mo}\left(t_i\right) = \pi - \phi_{mo}\, t_i \quad \text{für} \quad \left|\Phi_i\left(t_0\right) - \Phi_i\left(t_0 + \Delta t_{mo}\right)\right| \ll 2\pi. \tag{4.14}$$

Diese Beziehung gilt nur, wenn die charakteristische Zeit für eine Änderung des Phasen-
Istwertes $\Phi_i\left(t\right)$ deutlich größer als die Meßperiode Δt_{mo} und damit die Bedingung für
Gl. 4.14 erfüllt ist. Der Phasen-Istwert kann dann aus der Zeit t_i und der Steigung für
die positive Flanke des Sägezahns ϕ_{mo} nach Gl. 4.14 berechnet werden.
Die Meßmethode über einen zeitlichen Gradienten zeichnet sich durch einen geringeren
technischen Aufwand mit nur einem Detektor und der geringeren Abhängigkeit von der
Justage eines Kippwinkels zwischen den Phasenfronten aus. Aus diesen Gründen wurde
diese Methode für den Einsatz im System ausgewählt.
Für eine eindeutige Phasenmessung über den zeitlichen Gradienten folgt aus Gl. 4.14 die
Forderung, daß die Modulationsfrequenz $\nu_{mo} = \frac{1}{\Delta t_{mo}}$ deutlich größer als die Frequenzen
der im System auftretenden Phasenfluktuationen sein muß. Entsprechend der Messung in
Kap. 2.4.4 liegt die Grenzfrequenz für Phasenfluktuationen bei ca. 30 kHz. Experimentelle Untersuchungen zeigten, daß eine Modulation mit einer Frequenz von 100 kHz eine
ausreichende Genauigkeit bei der Messung des Phasen-Istwertes liefert.
Um diese Modulationsfrequenz zu erreichen, wird im System die Phase des Master-Strahls
durch zwei elektrooptische $LiNbO_3$-Kristalle moduliert. Diese Kristalle werden als transversale Phasenmodulatoren betrieben, d.h das elektrische Feld liegt senkrecht zur Pro-
pagationsrichtung an den Kristallen an. Unter der Bedingung, daß die propagierende
Lichtwelle in Richtung des außerordentlichen Brechungsindexes n_e polarisiert ist, ergibt
sich für die Phasenänderung in Abhänigkeit einer angelegten Spannung U [Yar 84]:

$$\Delta\Phi\left(U\right) = \frac{2\pi}{\lambda}\,\frac{n_e^3}{2}\,r_{33}\,\frac{L}{d}\,U. \tag{4.15}$$

Neben der angelegten Spannung U und der Lichtwellenlänge hängt die Phasenänderung
von dem elektrooptischen Koeffizient r_{33} und der Kristallänge L und -dicke d ab. Die
Werte für die im System verwendeten Kristalle sind in Tabelle 4.2 zusammengefaßt.
Bei einer Wellenlänge von $\lambda = 675\,nm$ ergibt sich nach Gl. 4.15 für eine Phasenschiebung
um $\Delta\Phi \equiv 2\pi$ eine Spannung von 294 V. Um diese Spannung weiter zu reduzieren, wurde
im System ein optischer Dreifachdurchgang mittels einer Spiegelanordnung und damit
eine Drittelung der theoretischen 2π–Spannung auf 98 V realisiert. Die experimentell
ermittelte 2π–Spannung für eine Sägezahn-Modulationsspannung beträgt 167 V und liegt
damit deutlich oberhalb des theoretischen Wertes.

Größe	Formelzeichen	Wert
Gesamtlänge	L	70 mm
Dicke	d	5 mm
elektrooptischer Koeffizient	r_{33}	$30{,}8 \cdot 10^{-9}$ V/m
außerordentlicher Brechungsindex	n_e	2,20
Spannung für Phasenschiebung um 2π	$U_{2\pi}$	294 V

Tabelle 4.2: Daten der im System eingesetzten LiNbO$_3$-Kristalle. Die Materialkonstanten sind der Referenz [Yar 86] entnommen. Die Spannung für eine Phasenverschiebung um 2π folgt aus Gl. 4.15 und gilt für die optische Reihenschaltung der zwei Kristalle.

4.5.2 Phasenstellglied

Die Realisierung von Phasenstellgliedern über elektrooptische Kristalle, wie für die Master-Strahlung, ist optomechanisch aufwendig und teuer. Da für die Ausregelung von Phasenstörungen Regelfrequenzen bis max. 30 kHz ausreichen, können sogenannte Piezomodulatoren eingesetzt werden [Mar 87], [Dav 74].

Diese bestehen aus einem Tubus oder einer Scheibe piezoelektrischen Materials, auf dessen Mantelfläche eine Glasfaser in mehreren Windungen und Lagen gewickelt ist. Durch Anlegen einer Spannung an die Außen- und Innenfläche des Tubus bzw. an die Ober- und Unterseite der Scheibe, kommt es aufgrund des piezoelektrischen Effektes zu einer radialen Expansion des Materials. Diese Expansion setzt die Faser einer longitudinalen Zugspannung aus, die zu einer Längenänderung ΔL und einer Brechungsindexänderung Δn aufgrund des photoelastischen Effektes führt. Die geometrische Längenänderung und die Brechungsindexänderung ergeben eine Änderung der optischen Weglänge und damit auch der Lichtwellenphase $\Delta\Phi$. Dieser Wert wurde experimentell bestimmt [Dan 88] und beträgt pro geometrischer Längenänderung ΔL für eine Wellenlänge von $\lambda = 675$ nm:

$$\Delta\Phi = 10,9 \ \frac{\text{rad}}{\mu\text{m}} \, \Delta L. \qquad (4.16)$$

Die Grenzfrequenz eines solchen Modulators hängt vom piezoelektrischen Material und der geometrischen Bauform ab. Für den Einsatz in einer Regelung bestimmt die mechanische Resonanz mit der niedrigsten Frequenz diese Grenzfrequenz, da eine Phasenverschiebung des Regelsignals im Resonanzfall zu Reglerinstabilitäten führt.

Bei vergleichbarem Durchmesser und vergleichbarer Dicke liegt diese Resonanz für eine Scheibe bei einer höheren Frequenz als für einen Tubus. Aus diesem Grund werden im beschriebenen System Piezoscheiben mit einer Dicke von 2 mm und einem Durchmesser von 20 mm eingesetzt (Material PIC 151, PI Ceramic GmbH).

Die Längenänderung ΔL der Faser pro Windung kann in erster Näherung gleich der Umfangsänderung Δb der Scheibe bei einer gegebenen Spannungsänderung ΔU gesetzt werden. Diese Umfangsänderung ist für die verwendeten Scheiben $\frac{\Delta b}{\Delta U} = 6,5 \cdot 10^{-3} \ \mu\text{m/V}$

[PIC 94]. Dabei werden elastische Deformationen des Klebematerials zwischen Faser und Piezomaterial vernachlässigt. Die spezifische Phasenschiebung des Piezomodulators $\Delta\Phi_{PZ}$, bezogen auf die angelegte elektrische Spannung und eine Faserwindung, beträgt damit unter Berücksichtigung von Gl. 4.16:

$$\frac{\Delta\Phi_{PZ}}{\Delta U\, N_W} = 10{,}9\,\frac{\Delta b}{\Delta U}\,\frac{1}{N_W} = 0{,}071\,\frac{rad}{V\ Windung}. \qquad (4.17)$$

Der Brechungsindex der Glasfaser wurde in dieser Rechnung mit $n = 1,5$ angesetzt. Für einen Modulator mit 20 Faserwindungen folgt aus Gl. 4.17 eine 2π-Spannung von $U_{2\pi} = 4,4\,V$.

Abb. 4.11 zeigt die frequenzabhängige spezifische Phasenschiebung für einen Modulator mit 6 Faserwindungen in einer Lage. Einem Bereich mit konstanter Phasenschiebung bis 50 kHz folgt die erste Resonanz dieses Modulators bei einer Frequenz von 100 kHz. Diese Resonanzfrequenz und die spezifische Phasenschiebung für Frequenzen kleiner 50 kHz werden durch das Aufbringen und Verkleben von mehreren Faserlagen nicht wesentlich beeinflußt. Experimentelle Modulatortests mit 6, 15 und 23 Windungen ergaben eine maximale Abweichung für die spezifische Phasenschiebung von 5 %.

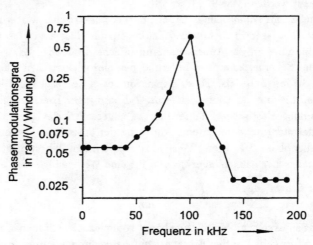

Abbildung 4.11: Phasenmodulationsgrad eines zylindrischen Piezophasenmodulators mit 6 Faserwindungen. Die erste mechanische Resonanz liegt bei einer Frequenz von ca. 100 KHz.

Die experimentell bestimmte spezifische Phasenschiebung von 0,058 rad/(V Windung) ist um 18 % kleiner als der theoretisch nach Gl. 4.17 berechnete Wert. Die Ursache für diese Abweichung könnte die Kompression einer Klebstoffschicht zwischen Faser und Piezoscheibe sein, die dazu führt, daß eine Umfangsänderung nicht vollständig in eine Längenänderung der Glasfaser umgesetzt wird.

4.5.3 Phasenregelkreis

Der geschlossene Regelkreis mit Master-Laser und einem Slave-Laser ist schematisch in Abb. 4.12 dargestellt. Das Ziel ist die Ausregelung von zeitlichen Fluktuationen des Phasen-Istwertes bzw. die Stabilisierung auf einen gegebenen Sollwert Φ_s.

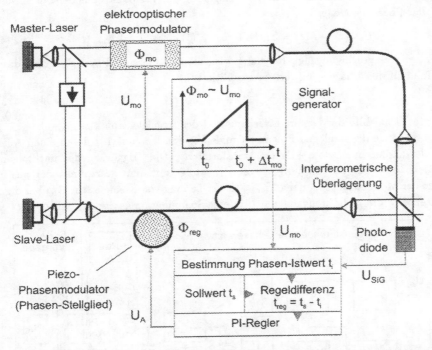

Abbildung 4.12: Schema des Phasenregelkreises. Der Master-Strahlung wird eine zeitlich modulierte Phase $\Delta\phi_{mo}$ aufgeprägt. Aus der interferometrischen Überlagerung mit der Slave-Strahlung resultiert ein Signal, dessen Nulldurchgang t_i der Phase des Slave-Lasers entspricht. Durch Vergleich mit der Zeit für die Soll-Phase t_s ergibt sich das Regelsignal U_A.

Zwischen Phasendetektion und Phasenstellglied schließt die elektronische Phasenregelung den Regelkreis. Der Phasen-Istwert wird, wie im obigen Kapitel beschrieben, über ein dynamisches Verfahren bestimmt. Dessen Ergebnis ist die Zeit t_i, die dem aktuellen Phasen-Istwert $\Phi_i(t)$ proportional ist und deren Vergleich mit dem zeitlichen Sollwert t_s die Regeldifferenz $\Delta t_{reg} = t_s - t_i$ ergibt. Die Regeldifferenz wird auf einen Integral-Proportional-Regler gegeben, dessen Ausgangsspannung U_{reg} den Phasenmodulator in der

Slave-Glasfaser ansteuert und zu der Phasenverschiebung

$$\Phi_{reg} = \frac{\Delta \Phi_{PZ}}{\Delta U} U_{reg} \tag{4.18}$$

der Slave-Lichtwelle relativ zur Master-Lichtwelle führt.

Das Eingangssignal für die Regelung von der Photodiode U_{sig} ist proportional zur Leistungsdichte der interferometrischen Überlagerung und ergibt sich aus der Berücksichtigung aller Phasenbeiträge:

$$U_{sig}(t) \sim I(t) = 2 I_0 \left[1 + \cos \left(\Phi_i(t) + \Phi_{mo}(t) + \Phi_{reg}(t) \right) \right]. \tag{4.19}$$

Im Fall der eingeschwungenen Regelung wird die fluktuierende Phase Φ_i durch das Regelsignal auf den Phasen-Sollwert Φ_s stabilisiert:

$$\Phi_{reg}(t) = \Phi_s - \Phi_i(t). \tag{4.20}$$

Das Blockschaltbild der Istwert-Erfassung und der Regelelektronik zeigt Abb. 4.13. Die Nulldurchgänge des analogen Eingangssignals U_{sig} werden zunächst durch einen Analog-Digital-Wandler in digitale Flanken transformiert. Die Triggerung der nachfolgenden digitalen Logik zur Bestimmung der Zeit t_i erfolgt mit dem Startpunkt der positiven Flanke der Modulationsspannung U_{mo}. Mit der Ladung von Kondensator C_1 über digitale Schalter wird die Nulldurchgangszeit t_i in eine Spannung umgesetzt.

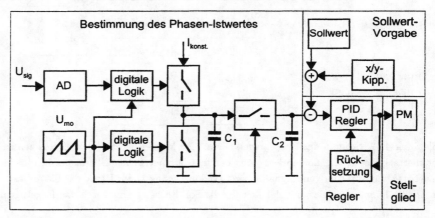

Abbildung 4.13: Blockschaltbild der elektronischen Phasenregelung, eine Erläuterung wird im Text gegeben. AD - Analog-Digital-Wandler, C_1 und C_2 – Ladekondensatoren, x/y-Kipp. – Sollwertvorgabe für eine Phasenfrontkippung, PM – Phasenmodulator.

Die Information über die Istphase wird mit der Periode der Modulationsspannung Δt_{mo} aktualisiert. Damit diese Information auch nach dem Start einer neuen Meßperiode und eines neuen Ladezyklus von C_1 zur Verfügung steht, ist eine Abtast-Halte-Schaltung ('Sample and Hold') notwendig. Diese wird mit dem Ladekondensator C_2 realisiert, der nach jeder Meßperiode auf die Spannung von C_1 aufgeladen wird. Die Triggerung erfolgt auch in diesem Fall durch die Modulationsspannung U_{mo}. Die Spannung des Ladekondensators C_2 entspricht damit dem Phasen-Istwert, der zusammen mit dem Phasen-Sollwert die Regeldifferenz als Eingangssignal für den PI-Regler bildet. Das Ausgangssignal des PI-Reglers wird dann auf den Phasenmodulator gegeben.

Der maximale Stellbereich der Phasenmodulatoren ergibt sich aus der maximalen Regelspannung $\pm U_{reg,max} = \pm 40\,V$ und der Phasenschiebung pro Spannung $\Delta \Phi_{PZ}/\Delta U$ der Piezo-Phasenmodulatoren. Für das realisierte System folgt nach Gl. 4.17 mit einer spezifischen Phasenschiebung von 0,058 rad/(V Windung) und 20 Faserwindungen:

$$\Delta \Phi_{PZ,max} = 2\,\frac{\Delta \Phi_{PZ}}{\Delta U}\,U_{reg,max} = 2 \cdot 0,058\,\frac{\text{rad}}{\text{V Windung}} \cdot 20 \cdot 40\,V = 92,8\,\text{rad}. \qquad (4.21)$$

Die Phasenstörung mit der größten Amplitude im System ergibt sich aus einer Temperaturänderung der Fasern. Nach Gl. 2.35 beträgt für eine 3 m lange Faser bei einer Temperaturänderung um 1 K die Phasenverschiebung 285 rad. Damit ist die Reserve der Phasenregelung bei einer Temperaturänderung um maximal $\Delta T_U = 0,33\,K$ ausgeschöpft. Aus diesem Grund wurde für die integrale Komponente des Reglers eine Rücksetzschaltung vorgesehen. Beim Erreichen der maximalen Regelspannungen $\pm U_{reg,max}$ wird der Integrationskondensator des Reglers entladen und damit die Regelspannung auf Null gesetzt. Aufgrund der periodischen Abhängigkeit der Slave-Phase von der Spannung U_{reg} schwingt sich die Regelung nach der Rücksetzung um den Spannungswert $U_{reg} = 0\,V$ wieder ein und es steht erneut die volle Phasenreserve zur Verfügung.

Mit der Sollwertvorgabe für eine Phasenfrontkippung (Block 'x/y-Kipp.' in Abb. 4.13) ist die in Kap. 3.3 beschriebene Verkippung der Gesamtphasenfront hinter dem Linsenarray möglich. Dazu werden die Phasen-Sollwerte für die einzelnen Slave-Laser so vorgegeben, daß sich über die Gesamtapertur ein Phasengradient ergibt.

4.6 Kohärenzregelung

Die Kohärenzregelung stabilisiert die Kreuzkohärenz zwischen Master-Laser und den einzelnen Slave-Lasern auf einem hohen Niveau. Um dies zu erreichen, werden die Ströme der Slave-Laser auf die für den Injection-Locking-Prozeß optimierten Werte geregelt. Der Istwert der Kreuzkohärenz wird aus dem Kontrast der interferometrischen Überlagerung zwischen Master-Laser und den Slave-Lasern bestimmt.

4.6.1 Instabilität der ungeregelten Kohärenz

Wie in Kapitel 3.1 erwähnt, erreichen die Anforderungen an die Temperaturregelung der Diodenlaser für einen stabilen kohärenten Betrieb des Systems die Grenzen des technisch sinnvoll Machbaren.

Um die geforderte Temperaturstabilität von besser ±10 mK zu erreichen, wären mehrere Stufen der thermischen Entkopplung von der Umgebung notwendig. Die Ursache für diesen Aufwand ist die Strategie einer passiven Temperaturstabilisierung ohne Berücksichtigung der zu stabilisierenden Größe, der Kohärenz zwischen Slave-Lasern und Master-Laser. Eine aktive Stabilisierung der Kohärenz ist dagegen nur durch die rückgekoppelte Regelung von Laserstrom und -temperatur unter Berücksichtigung der Kohärenz möglich.

Abb. 3.5 zeigt die typische Abhängigkeit des Kohärenzgrades zwischen Master und Slave von der Frequenzdifferenz zwischen beiden Lasern. Durch eine Temperaturänderung von Master- oder Slave-Laserchip kommt es in erster Näherung zu einer Verschiebung dieser Kurve bezüglich des Stroms. Um die Kohärenz auf den Maximalwert zu stabilisieren, muß daher der Strom des betreffenden Slave-Lasers entsprechend nachgeregelt werden.

4.6.2   Realisierung der Regelung

Elektronischer Aufbau

Für den Regelkreis ist die Messung des Kreuzkohärenzgrades zwischen Master- und Slave-Laser, die Einflußnahme auf die Stellgröße und ein Regler notwendig.

Ein Signal, das dem Kohärenzgrad zwischen einem einzelnen Slave und dem Master proportional ist, wird direkt vom Photodiodenarray im Lasersystemkopf geliefert. Der Kohärenzgrad ist dem Kontrast der interferometrischen Überlagerung und damit der Amplitude des sinusförmigen Signals U_{sig} vom Photodiodenarray proportional.

Die Veränderung des Betriebsstroms der Slave-Laser (Stellgröße) ist über einen Modulationsspannungseingang der verwendeten Stromversorgung möglich. Dieser erlaubt eine Änderung des Stroms über den gesamten Betriebsbereich bis zu einer Grenzfrequenz von 200 kHz.

Die Realisierung des Reglers orientiert sich an der notwendigen Regelzeit und an der Regelaufgabe. Die Regelzeit ergibt sich aus der Zeitkonstante für eine Temperaturdrift des Diodenlaserchips. Da der Chip thermisch an das Lasergehäuse und damit auch an die Masse des Halters gekoppelt ist, ergibt sich eine aus experimentellen Beobachtungen abgeschätzte Zeitkonstante kleiner 1 mK/s. Dies entspricht nach Gl. 3.3 einer Frequenzdrift von 34 MHz/s. Aufgrund dieser kleinen Zeitkonstante und dem zu lösenden Problem der Maximumstabilisierung des Kohärenzgrades bietet sich eine digitale Realisierung der Regelung mit einem Computer an.

Der vollständige Regelkreis für einen Slave-Laser ist in Abb. 4.14 dargestellt. Ein Scheitelwertgleichrichter setzt das hochfrequente Signal vom Photodiodenarray in eine Gleichspannung proportional zur Signalamplitude und damit zum Kohärenzgrad um. Diese Gleichspannung wird über einen Analog-Digital-Wandler in einen Computer eingelesen, der entsprechend einer Regelstrategie den Slave-Strom für eine maximale Kohärenz bestimmt. Die Steuerspannung für den Betriebsstrom der Slave-Laser wird über einen Digital-Analog-Wandler auf den Modulationseingang der Stromversorgung gegeben. Die

Ansteuerzeit für die Kanäle der AD- und DA-Wandler beträgt minimal 100 μsec und läßt damit ausreichend Zeit für die programmgesteuerte Regelung durch den Computer. Die Größe des durch den Computer ansteuerbaren Slave-Strombereichs wird durch die Ausgangsspannung des DA-Wandlers und die Empfindlichkeit des Modulationseingangs der Slave-Stromversorgung bestimmt.

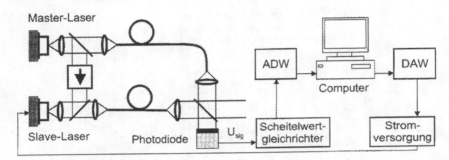

Abbildung 4.14: Blockschaltbild des Kohärenzregelkreises. Der Kreuzkohärenzgrad zwischen Master- und Slave-Laser wird über die Amplitude des zeitlich modulierten Interferenzsignals von der Photodiode bestimmt. Mit Hilfe eines Computers wird der Slave-Strom mit der maximalen Kohärenz bestimmt. Die Schnittstelle zwischen analoger Elektronik und dem Computer wird durch einen Analog-Digital-Wandler (ADW) und einen Digital-Analog-Wandler (DAW) gebildet.

Programmgesteuerte Regelstrategie

Die Regelstrategie besteht aus der Bestimmung des Slave-Stroms, für den die Kohärenz zwischen Master und Slave maximal ist, sie ist in Abb. 4.15 veranschaulicht. Ausgehend vom aktuellen Stromwert I_0 wird der Strom um ein Inkrement $\Delta I > 0$ geändert und für jeden der beiden Stromwerte I_0 und I_1 die Kohärenz γ_0 und γ_1 gemessen. Für den Fall, daß die daraus berechnete Differenz $(\gamma_1 - \gamma_0)$ negativ ist (nicht in Abb. 4.15 dargestellt), muß das Vorzeichen von ΔI geändert und die Prozedur wiederholt werden. In der folgenden Programmschleife wird der Strom um das Inkrement ΔI so lange erhöht, bis die berechnete Differenz negativ wird, d.h. das Maximum γ_2 überschritten wurde. In einem letzten Programmschritt wird dann der Strom I_2 für das Maximum eingestellt. Dieses Regelintervall wird sequentiell für alle 19 Kanäle durchgeführt.

Diese Regelstrategie setzt voraus, daß der Stromstartwert I_0 zu Beginn jedes Regelintervalls im Bereich der Flanken des absoluten Kohärenzmaximums liegt. Vor dem Start der Regelung muß deshalb der Strom für maximale Kohärenz bestimmt werden. Dazu wird die Kohärenz in Abhängigkeit des Slave-Stroms für den vom Computer ansteuerbaren Strombereich einmal gemessen und der entsprechende Strom eingestellt. Während des Betriebs der Regelung müssen die Pausen zwischen zwei aufeinander folgenden Regelintervallen eines Kanals so kurz sein, daß der aktuelle Strom I_0 noch innerhalb der

Flanken des absoluten Maximums liegt. Ist die Drift der Chiptemperatur und damit des Kohärenzmaximums größer, kann es dazu kommen, daß sich die Regelung auf das Nebenmaximum der Kohärenzfunktion einschwingt. Um diesen Zustand zu verlassen, ist ein Neustart der Regelung notwendig.

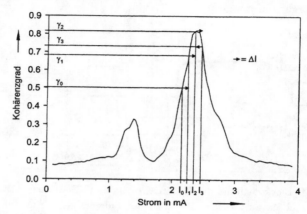

Abbildung 4.15: Regelstrategie der Kohärenzregelung. Ausgehend vom Startwert I_0 wird der Betriebsstrom des betreffenden Slave-Lasers um das Inkrement ΔI diskret erhöht. Über die Vorzeichenänderung der Differenz $(\gamma_{i+1} - \gamma_i)$ kann damit der Strom I_2 mit maximaler Kohärenz γ_2 bestimmt werden.

Bei der realisierten Regelung betragen die Pausen zwischen den Regelintervallen eines Kanals ca. 100 ms. Bei einer temperaturinduzierten Frequenzdrift von 34 MHz/s ergibt sich eine maximale Drift während einer Regelpause von 3,4 MHz. Dies entspricht nur 1,3 $^o/_{oo}$ des Locking-Range von 2,6 GHz und ist damit ausreichend klein.

Der Einfluß des Rauschens des Kohärenzsignals (Laserleistungsrauschen, hochfrequente Phasenfluktuationen) auf die Stabilität der Regelung läßt sich durch eine Mittelung über mehrere Kohärenzmeßwerte minimieren.

Um zu verhindern, daß das Kohärenzmaximum aus dem vom Computer ansteuerbaren Slave-Strombereich driftet, ist eine geeignete Anpassung dieses Bereichs an die zu erwartende Umgebungs- und damit Chiptemperaturänderung notwendig. Aus der festen digitalen Auflösung des DA-Wandlers von 8 Bit folgt mit zunehmender Größe des Einstellbereichs eine abnehmende Stromauflösung, so daß ein entsprechendes Optimum zu suchen ist. Für die realisierte Regelung liegt dieses Optimum bei einer Stromauflösung von 20 μA. Daraus folgt ein ansteuerbarer Strombereich von 5,1 mA, der nach Gl. 3.1 einer Modenverschiebung um 18,4 GHz und nach Gl. 3.3 einer Temperaturveränderung von 0,54 K entspricht. Dieser Bereich könnte durch einen DA-Wandler mit größerer Auflösung oder die Einbeziehung der Slave-Temperaturregelung in den Regelkreis vergrößert werden.

5 Systemcharakterisierung

Nach der Beschreibung der Grundlagen und des Systemaufbaus in den vorhergehenden Kapiteln wird in diesem die Funktion des Systems anhand von Charakterisierungsmessungen und Modellrechnungen dokumentiert. Entsprechend dem Ziel, den Nachweis einer effizienten kohärenten Kopplung von Diodenlasern zu erbringen, liegt der Schwerpunkt der Charakterisierung bei der Kohärenz der Einzellaser und der Effizienz der Überlagerung. Zunächst werden jedoch die Ergebnisse für die Einkopplung der Diodenlaserstrahlung in die Grundmodefasern dokumentiert, da deren Effizienz eine notwendige Voraussetzung für das Systemkonzept darstellt.

Die Untersuchungen zur Kohärenz im System beziehen sich auf die Selbstkohärenz des Master-Lasers und die Kreuzkohärenz der Slave-Laser untereinander sowie bezüglich des Master-Lasers. Für die kohärente Überlagerung der Slave-Strahlung im Lasersystemkopf sind stabile Phasen zwischen den Strahlungsanteilen notwendig, die mit der Phasenregelung erreicht werden. Zur Charakterisierung dieser Regelung wurden die spektrale Leistungsdichte und die Häufigkeit residualer Phasenfehler gemessen.

Der Ausgangsstrahl des Systems wurde über die zweidimensionale Leistungsdichteverteilung im Systemfokus qualifiziert. Zusammen mit den aus diesen Messungen berechneten eindimensionalen Verteilungen und zusätzlichen Modellrechnungen lassen sich Aussagen über die Leistungsfähigkeit und die Stabilität des Systems machen.

5.1 Diodenlaser-Faser-Kopplung

In Kapitel 4.2 wurde der optomechanische Aufbau zur Einkopplung der Diodenlaserstrahlung in die Grundmodefasern sowie die Justage und Montage der optischen Komponenten eingehend beschrieben. Entscheidend für die Systemqualität ist neben der erreichbaren Einkoppeleffizienz, die in Kap. 4.2 eingehend diskutiert wurde, die Stabilität der Einkopplung mit der Systemstandzeit. Diese Langzeitstabilität der Diodenlaser-Faser-Kopplung wurde durch wiederholtes Messen der Einkoppeleffizienzen nach jeweils einigen Wochen Standzeit untersucht. Abb. 5.1 zeigt die über die 19 Kanäle des Systems gemittelte Einkoppeleffizienz für eine Zeit bis zu 161 Tage nach der Klebung der Fokussierlinsen. Die Fehlerbalken geben die aus den Mittelungen folgenden Standardabweichungen an. Die Messungen zeigen eine Abnahme der Einkoppeleffizienz von 0,46 direkt nach der Klebung auf einen Wert von 0,28 nach 161 Tagen. Die zugehörige Standardabweichung nimmt von 0,06 auf 0,17 zu.

Die Einkoppeleffizienz ergibt sich aus den Relativpositionen von Diodenlaser zu Glasfaser und zu den dazwischen liegenden optischen Elementen. Die kontinuierliche Abnahme der Effizienz mit der Standzeit deutet damit auf eine kontinuierliche Positionsänderung

der geklebten Bauteile hin. Klebeverbindungen bestehen zwischen der Kollimationslinse
und dem Diodenlaser-Halteblock, zwischen Fokussierlinse und Faserhalter, zwischen Faser
und Ferrule, Ferrule und Hülse sowie Hülse und Faserhalter. Betrachtet man als kritischen Parameter der Klebeverbindungen die jeweilige Größe des Klebespaltes, so ist die
Klebung der Kollimations- und der Fokussierlinse an den jeweiligen Halter als besonders
empfindlich anzusehen. Die Einflüsse der mechanischen Verbindungen (z.B. plastische Deformation aufgrund von Druckkräften und Temperaturzyklen) können im Vergleich dazu
vernachlässigt werden.

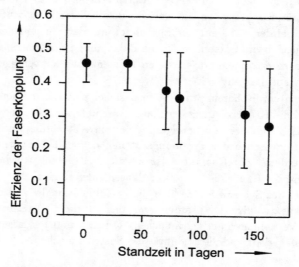

Abbildung 5.1: Effizienz der Diodenlaser-Faser-Kopplung. Die Punkte geben die Mittelwerte über die 19 Kanäle des realisierten Systems an, aufgetragen über die Standzeit nach
der Klebung der Fokussierlinse. Die Länge der Fehlerbalken entsprechen der zweifachen
Standardabweichung des jeweiligen Mittelwertes.

Da die Bauteile der Gravitation unterliegen, ergibt sich eine permanente Belastung der
Klebeverbindungen, die als eine wesentliche Ursache für die Postitionsänderung angesehen
werden kann. Die zunehmende Standardabweichung der Messungen veranschaulicht den
statistischen Charakter der Klebeverbindungen, die trotz nominell gleicher Positionier-
und Aushärteparameter eine sehr große Bandbreite bezüglich ihrer Stabilität zeigen.

Diese Ergebnisse verdeutlichen, daß der Einsatz einer Klebetechnik für die industrielle
Anwendung bei der Positionierung und Fixierung im Submikrometerbereich nur bedingt
möglich ist. Für die labortechnische Realisierung ist die verwendete Technik ausreichend,
da sie eine schnell zu realisierende und flexible Möglichkeit bietet, optische Komponenten
mit den geforderten geringen Toleranzen zu justieren und zu fixieren.

Die eingesetzten Strategien der aktiven teildynamischen Justage und Montage der Bauteile sind in angepaßter Weise jedoch auch bei anderen Montagetechniken mit vergleichbaren Toleranzanforderungen anwendbar. Für die industrielle Fertigung der Diodenlaser-Faser-Kopplung bieten sich Löt- und Schweißtechniken an, die an anderer Stelle eingehend untersucht wurden [Amb 96], [Bec 94].

5.2 Kohärente Kopplung der Diodenlaser

Die Stabilität des Master-Lasers in Frequenz bzw. Phase ist eine notwendige Bedingung für den Aufbau einer kohärenten Kopplung. Der im realisierten System verwendete Master-Laser wurde deshalb entsprechend charakterisiert. Diesen Ergebnissen folgen Untersuchungen zur Master–Slave–Kreuzkohärenz und der Slave–Slave–Kreuzkohärenz. Abschließend wird die mit der Kohärenzregelung erreichte Stabilität der Slave–Slave–Kreuzkohärenz im System dokumentiert und diskutiert.

Die Kohärenz wird über den Kontrast der interferometrischen Überlagerung bestimmt, d.h. es gehen nur Frequenzanteile der Phasenstörungen zwischen den Lichtwellen ein, die oberhalb einer gegebenen Detektionsfrequenz liegen (vgl. Kap. 2.2 und Kap. 3.1.2). Zeitliche Phasenfluktuationen, die unterhalb dieser Detektionsfrequenz liegen, werden im Rahmen dieser Arbeit als Phasenstörungen behandelt und in Kap. 5.3 diskutiert.

5.2.1 Stabilität der Selbstkohärenz des Master-Lasers – Emissionsfrequenz und Kohärenzlänge

Die Stabilität der Selbstkohärenz des Master-Lasers ist für den Prozeß des Injection-Locking und damit für die Kohärenz im System von entscheidender Bedeutung. Störungen der Selbstkohärenz durch Frequenz- bzw. Phaseninstabilitäten wirken sich über das Injection-Locking auf das kohärente Verhalten aller Slave-Laser aus. Die Auswirkungen dieser Instabilitäten werden quantitativ durch die Linienbreite und die absolute Stabilität der zentralen Emissionsfrequenz des Lasers beschrieben. Auswirkungen auf die Linienbreite haben hochfrequente Instabilitäten, induziert durch Rauschen der Stromversorgung oder durch Rückreflexe von optischen Bauteilen im Strahlengang des Lasers. Niederfrequente Instabilitäten, wie eine Temperatur- oder Betriebsstromdrift, wirken sich auf die absolute spektrale Lage der Emissionsfrequenz aus.

Gegen Rückreflexe ist der Master-Laser durch zwei optische Isolatoren geschützt, deren Dämpfung von $2 \cdot 30$ dB experimentell als ausreichend verifiziert wurde. Die Verifizierung erfolgte über die Beobachtung der Stabilität der emittierenden Longitudinalmode gegenüber mechanischen Vibrationen des optomechanischen Aufbaus.

Langzeitstabilität der Emissionsfrequenz
Die Driftstabilität der eingesetzten Strom- und Temperaturregelung des Masters wurde über die Frequenzstabiltät mit Hilfe eines Fabry-Perot-Interferometers bestimmt. Der da-

zu verwendete experimentelle Aufbau ist in Abb. 5.2 dargestellt. Die kollimierte Strahlung des Master-Lasers wird von den zwei Seiten einer Kronglasplatte unter einem Winkel α reflektiert und auf einer Photodiode überlagert. Die Leistung auf der Photodiode ist damit von der Phasendifferenz zwischen beiden Strahlen abhängig. Für den gezeigten Aufbau ist die Phasendifferenz bei fester Plattendicke und festem Winkel α nur von der Emissionsfrequenz des Lasers abhängig. Bei einer Sägezahn-Modulation des Laserstroms ergibt sich aus der entsprechend modulierten Phasendifferenz nach Gl. 2.7 eine cosinusförmige Abhängigkeit des Photodiodensignals, dessen Periodenlänge dem freien Spektralbereich des Fabry-Perot-Interferometers entspricht. Die zeitliche Änderung der Phasendifferenz zwischen diesem Signal und dem Sägezahnsignal ist proportional zur Frequenzverschiebung des Lasers aufgrund einer Drift der Laserchip-Temperatur. Die Modulation des Master-Betriebsstroms muß dabei mit einer Periodenzeit erfolgen, die deutlich kleiner als die zu beobachtende Driftzeit ist.

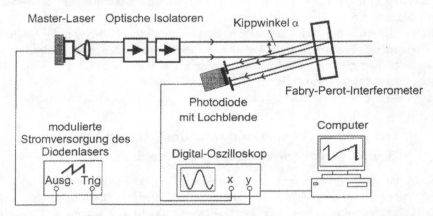

Abbildung 5.2: Experimenteller Aufbau zur Messung der Langzeit-Frequenzstabilität des Master-Lasers. Über die modulierte Stromversorgung des Lasers wird die Emissionsfrequenz und damit das Signal auf der Photodiode moduliert. Aus der Phasendifferenz zwischen Sägezahnsignal und Photodiodensignal läßt sich die Frequenzverschiebung des Masters aufgrund einer Langzeitdrift der Laserchip-Temperatur bestimmen.

Die Phasendifferenz zwischen Photodiodensignal und Sägezahnsignal wird mit einem Computer berechnet, der das Digitaloszilloskop in Zeitintervallen von 30 s ausliest und die zeitliche Position des Maximums des Photodiodensignals bestimmt. Eine Messung über drei Stunden ist in Abb. 5.3 zusammen mit der Temperaturänderung im Labor dargestellt. Bei einer monotonen Frequenzdrift, die größer als der freie Spektralbereich des Interferometers ist, kommt es zu einer Diskontinuität in der vom Computer bestimmten Meßkurve. Diese Diskontinuität kann zur Kalibrierung der Messung verwendet werden, da sie dem freien Spektralbereich des Fabry-Perot-Interferometers entspricht. Bei einer

Dicke der Kronglasplatte von 15,1 mm und $\alpha \approx 0$ ist der freie Spektralbereich [Hec 92]:

$$\Delta\nu_{fsr} = \frac{c}{2nd} = 6,6 \, \text{GHz}. \tag{5.1}$$

Mit dieser Kalibration der Frequenzachse läßt sich aus Abb. 5.3 eine über den Zeitraum von 180 min integrierte Frequenzdrift von 9,7 GHz ablesen. Die Raumtemperaturänderung im gleichen Zeitraum betrug 1,7 K.

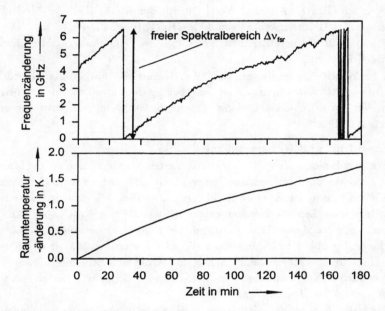

Abbildung 5.3: Frequenzänderung des Master-Lasers in einer Zeit von 180 min. Die Messung wurde mit dem Aufbau entsprechend Abb. 5.2 durchgeführt. Aufgrund des nicht temperaturstabilisierten Fabry-Perot-Interferometers und einer Raumtemperaturänderung von 1,7 K ergibt sich für den Master eine effektive Frequenzänderung von 6,4 GHz (vgl. Text).

Da die Kronglasplatte nicht temperaturstabilisiert ist, ergibt sich durch die Raumtemperaturänderung ein zusätzlicher Effekt aus der thermischen Expansion und der Änderung des Brechungsindexes der Platte. Bei einem Ausdehnungskoeffizient von $\alpha_T = 7,1 \cdot 10^{-6} \text{K}^{-1}$ und einer relativen Brechungsindexänderung von $\frac{1}{n}\frac{\delta n}{\delta T} = 2,4 \cdot 10^{-6} \text{K}^{-1}$ [Sch 96] folgt für die temperaturinduzierte Phasenverschiebung $\Delta\Phi_T$ im Interferometer:

$$\Delta\Phi_T = \frac{2\pi}{\lambda}\left(n\,\Delta d + d\,\Delta n\right) = \frac{2\pi}{\lambda}\,d\,\Delta T_U\left(n\,\alpha_T + \frac{\delta n}{\delta T}\right). \tag{5.2}$$

Diese Phasenverschiebung entspricht bei einer Temperaturänderung um $\Delta T_U = 1,7\,\mathrm{K}$ einer scheinbaren Frequenzänderung von

$$\Delta \nu_T = \frac{\Delta \Phi_T}{2\pi} \Delta \nu_{fsr} = \frac{d\,\Delta T}{\lambda} \left(n\,\alpha_T + \frac{\delta n}{\delta T} \right) \Delta \nu_{fsr} = 3,3\,\mathrm{GHz}. \tag{5.3}$$

Die um den Wert $\Delta \nu_T$ korrigierte gemessene Frequenzänderung entspricht damit der des Lasers und beträgt 6,4 GHz. Bezogen auf die Raumtemperaturänderung ergibt sich ein Gradient von 3,8 GHz/K. Aus dem Vergleich mit der Abhänigkeit der Modenfrequenz des Lasers von der Chiptemperatur von 34,2 GHz/K (Gl. 3.3), ergibt sich eine relative Dämpfung von Raumtemperaturänderungen durch die Temperaturregelung des Master-Lasers um den Faktor 9.

Bei einem Locking-Range im System von 2,6 GHz und bei üblichen Temperaturschwankungen ist diese Stabilität für das Injection-Locking der Slave-Laser nicht ausreichend. Im System wurde das Injection-Locking aus diesem Grund mit der entwickelten Kohärenzregelung stabilisiert.

Kurzzeitstabilität und Kohärenzlänge

Instabilitäten der Emissionsfrequenz auf kurzen Zeitskalen wirken sich auf die Linienbreite und damit auch auf die Kohärenzlänge eines Lasers aus. Die Ursache für solche Instabilitäten können interne Prozesse im Halbleiterbauteil [Buu 91], externe Rückreflexe von optischen Elementen [Len 85] oder Rauschen der Stromversorgung [Oht 91] sein.

Die Kohärenzlänge des Master-Lasers bestimmt beim Injection-Locking die Kohärenzlänge der Slave-Laser [Ste 96]. Sind die optischen Wege im System von Master-und Slave-Laser relativ zu einer Referenzebene hinter dem Linsenarray unterschiedlich, kommt es aufgrund der endlichen Kohärenzlänge der Slave-Laser zu einem reduzierten Kontrast bei der interferometrischen Überlagerung.

Untersuchungen haben gezeigt, daß ein mit einer Longitudinalmode schwingender Diodenlaser mit Fabry-Perot-Resonator eine Kohärenzlänge von mehr als 10 m hat (vgl. Abb. 2.2). Der vermessene Diodenlaser wurde dabei mit der gleichen Stromversorgung wie der Master-Laser des Systems betrieben. Für optische Weglängendifferenzen im realisierten System von maximal 0,5 m ergibt sich aus dieser Kohärenzlänge eine Reduzierung des Kohärenzgrades zwischen zwei Slave-Lasern nach Gl. 2.19 von $\gamma_m = 1$ auf minimal $\gamma_m = 0,95$. Diese Reduzierung kann nur durch eine Anpassung der Faserlängen an die Position des entsprechenden Slave-Lasers oder einen symmetrischen äquidistanten Aufbau der Slave-Laser im System verhindert werden.

5.2.2   Kohärenz der Slave-Laser

Die Kohärenz der Slave-Laser kann als Selbstkohärenz oder als Kreuzkohärenz zum Master- oder anderen Slave-Lasern definiert werden. Im folgenden wird auf diese Arten der Slave-Laser-Kohärenz getrennt eingegangen.

Selbstkohärenz

Die Messung der Selbstkohärenz und damit der Kohärenzlänge erfolgt durch die Überlagerung eines Strahlanteils mit einem zeitverzögerten Anteil desselben Strahls. Diese Messung wurde im Rahmen einer vom Autor betreuten Diplomarbeit an Diodenlasern durchgeführt, die mit den im System verwendeten vergleichbar sind [Ste 96]. Unter dem Einfluß der Master-Strahlung haben die Slave-Laser eine dem Master-Laser entsprechende Kohärenzlänge von ca. 14 m.

Kreuzkohärenz zwischen Master- und Slave-Lasern

Die Charakterisierung des Injection-Locking-Prozesses ist über die Messung der Kreuzkohärenz zwischen dem Master-Laser und den einzelnen Slave-Lasern möglich. Die Kreuzkohärenz kann im System über die interferometrische Überlagerung am Strahlteiler des Lasersystemkopfes bestimmt werden. Um eine Aussage über die erreichbaren Kohärenzgrade und die Kohärenzstabilität zu ermöglichen, wurden die Messungen als dynamische Kohärenzmessungen durchgeführt (vgl. Kap. 3.1.2).

Erste Messungen zeigten, daß der Kreuzkohärenzgrad einiger Slave-Laser durch Rückreflexe von den unter 8° polierten Faserenden in den Slave-Resonator reduziert wurde. Diese Rückreflexe sind auf Oberflächendefekte bei nichtoptimaler Faserpolitur zurückzuführen. Um diesen Effekt zu berücksichtigen, wurde der Kreuzkohärenzgrad für die 19 Slave-Laser des Systems mit und ohne Dämpfung dieser Rückreflexe durchgeführt. Die Dämpfung wurde mit einem Neutraldichte-Filter mit der optischen Dichte von 1,6 (entspricht −32 dB Dämpfung der Reflexe) vor der Fokussierlinse der Faserkopplung realisiert. Abb. 5.4 zeigt die Meßergebnisse für die Kohärenz zwischen Master-Laser und einem Slave-Laser für die Fälle mit ungedämpften und gedämpften Rückreflexen.

Um den negativen Einfluß der Rückreflexe zu verdeutlichen, wurde ein Slave-Laser mit sehr starken Rückreflexen für die Darstellung ausgewählt.

Aus den Messungen der Kohärenz in Abhängigkeit der Frequenzdifferenz zwischen Master und Slave-Laser können die maximale Kohärenz des betreffenden Slaves sowie die Breite der Kohärenzfunktion bestimmt werden. Diese Messungen wurden für alle Slave-Laser des Systems durchgeführt. Die über alle 19 Slaves gemittelten Werte mit ihren Standardabweichungen sind in Tabelle 5.1 zusammengefaßt.

	gedämpfte Rückrefl.			ungedämpfte Rückrefl.		Differenz
	Mittel	σ	Maximum	Mittel	σ	Mittel
max. Kohärenz	0,83	0,03	0,89	0,79	0,08	0,04
$\Delta\nu$ [GHz]	3,2	0,8	4,7	2,8	0,99	0,4

Tabelle 5.1: Mittelwerte für den maximalen Kohärenzgrad und die volle Breite der Kohärenzfunktion $\Delta\nu$ bei einem Kohärenzgrad von 0,5. Gemittelt wurde über die 19 Slave–Laser des Systems.

Der Mittelwert der maximalen Kohärenz mit gedämpften Rückreflexen ist 0,83 und ent-

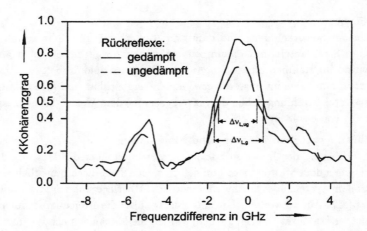

Abbildung 5.4: Kohärenzgrad in Abhängigkeit der Frequenzdifferenz zwischen Master-
und einem Slave-Laser. Dargestellt sind Meßergebnisse mit gedämpften und ungedämpften
Rückreflexen von der Slave-Faser-Kopplung in den Slave-Laser.

spricht damit dem bei einem System mit 3 Diodenlasern erreichten Wert [Ber 96]. Die
Standardabweichung von 0,03 zeigt, daß mit dem realisierten Aufbau für das Injection-
Locking ausreichend homogene Verhältnisse geschaffen wurden. Ursachen für die Reduzierung des Kohärenzgrades im Vergleich zum theoretisch maximal erreichbaren Wert von
1 sind:

- die endliche Kohärenzlänge von Master und Slave (Reduktion von 1 auf 0,95),

- Justagetoleranzen bei der azimutalen Ausrichtung der Faser-Hauptachsen bei Einkopplung und Montage im Linsenarray (über alle Slaves gemittelte gemessene Abweichung von der linearen Polarisation: 5 %),

- Anschwingen von Seitenmoden der Slave-Laser aufgrund eines nicht optimalen Injection-
  Locking-Prozesses.

Die Summe der ersten zwei quantifizierten Effekte führt auf einen maximal meßbaren
Kohärenzgrad von 0,90. Dieser Wert ist um 0,07 höher als der gemessene Mittelwert und
nur um 0,01 höher als der maximal im System gemessene Wert von 0,89.
Ohne Dämpfung der Rückreflexe reduziert sich der Mittelwert für die maximale Kohärenz
um 0,04 auf 0,79. Die Rückreflexe bewirken eine hochfrequente Fluktuation im Moden-
spektrum der Slave-Laser und damit eine Reduktion des Kohärenzgrades [Len 85]. Die
Zunahme der Standardabweichung auf 0,08 veranschaulicht die statistische Verteilung der
fehlerhaften Faserpolituren über das System.
Die Breite der Kohärenzfunktion (hier bei einem Kohärenzgrad von 0,5 gemessen) ist ein
Maß für den Locking-Range und damit für die Stabilität des Injection-Locking-Prozesses.

Sie beträgt $\Delta\nu_{L,g} = 3,2$ GHz im Fall gedämpfter Rückreflexe und $\Delta\nu_{L,ug} = 2,8$ GHz bei ungedämpften Rückreflexen. Ein direkter Vergleich dieser Werte mit dem theoretischen Wert nach Gl. 2.23, der für die Verhältnisse im System 2,6 GHz beträgt, ist entsprechend der Beschreibung in Kap. 2.3.2 nicht möglich. Für einen direkten Vergleich hätte der meßtechnische Aufwand deutlich größer sein müssen. Die gemessenen Werte liefern für den Theorievergleich damit nur eine qualitative Aussage. Bezüglich der Beurteilung der Systemstabilität sind sie jedoch auch quantitativ nutzbar, da sie eine Ableitung der Stabilitätsanforderungen an Temperatur und Betriebsstrom des Master-Lasers und der Slave-Laser zulassen.

Die relative Standardabweichung für die Breite der Kohärenzfunktion beträgt 25 % bzw. 35 % des jeweiligen Mittelwerts und ist damit deutlich größer als die der maximalen Kohärenz. Der theoretische Wert für die Standardabweichung des Locking-Range im System ergibt sich nach Gl. 2.23 aus den Varianzen der Resonatoreigenschaften wie Umlaufzeit und Spiegelreflektivität und dem Verhältnis zwischen eingekoppelter Master- und Slave-Leistung. Die Resonatoreigenschaften der eingestzten Diodenlaser können aufgrund ihrer industriellen Fertigung als gleich angenommen werden. Die Master-Leistung nach den Strahlteilern einer Kette variiert um maximal $\pm$ 7 %, dies entspricht bei zwei Ketten mit jeweils 10 Strahlteilern einer relativen Standardabweichung von 4,4 %. Für die Einkoppeleffizienzen der Master-Strahlung in die Slave-Resonatoren liegen keine experimentellen Werte vor. Die Standardabweichung für die Verteilung der Slave-Leistung im System betrug während der Messungen 13 %. Aus Gl. 2.23 und der Gaußschen Fehlerfortpflanzung [Ger 93] ergibt sich damit ein theoretischer Wert für die Standardabweichung des Locking-Range von 7 %.

Kreuzkohärenz zwischen Slave-Lasern
Für die effiziente kohärente Überlagerung der Slave-Laser im Gesamtfokus des Systems ist die Kohärenz zwischen den Slave-Lasern in der Fokusebene entscheidend. Diese wird durch die Selbstkohärenz und die Polarisation der Slave-Strahlung nach dem Linsenarray bestimmt.

Die Kohärenz zwischen den Slave-Lasern kann über den Kontrast der interferometrischen Überlagerung im Fokus des Gesamtstrahls bestimmt werden. Für diese Messung wird das System mit nur zwei Slave-Lasern betrieben. Die Leistungsdichteverteilung im vergrößert abgebildeten Fokus des Lasersystemkopfes (vgl. Abb. 4.7) wird dann mit einer Lochblende und einem Detektor vermessen, die auf einem motorisch angetriebenen Verschiebetisch montiert sind. Das Ergebnis einer entsprechend durchgeführten Messung zeigt Abb. 5.5. Das ebenfalls dargestellte Ergebnis einer Modellrechnung für einen Kohärenzgrad von 0,90 zeigt eine gute Übereinstimmung mit den Meßwerten. Die Asymmetrie der Nebenmaxima ergibt sich aus der Phasendifferenz zwischen den Slave-Lasern, die in der Rechnung entsprechend angepaßt wurde.

Die gute Übereinstimmung der Meßergebnisse für die Master-Slave-Kohärenz und die Slave-Slave-Kohärenz, bzw. mit der Rechnung, bestätigen zusätzlich den empirischen Ansatz nach Gl. 2.22 für die Kohärenz im Sytem.

Zusammenfassung

Die dokumentierten Ergebnisse zur Kohärenz der Slave-Laser belegen, daß die Kopplung von Diodenlasern über den Prozeß des Injection-Locking effizient möglich ist. Im Mittel über alle Slave-Laser des Systems wurde ein Kohärenzgrad von 0,83 (bei gedämpften Rückreflexen) bis maximal 0,89 gemessen. Die Auswirkungen der Rückreflexe von den Faserenden auf die Kohärenz der Slave-Laser können durch eine optimierte und standardisierte Politur der Faserenden noch verringert werden.

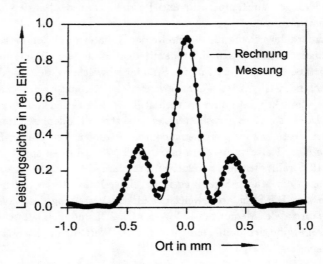

Abbildung 5.5: Kohärente Überlagerung von zwei Slave-Lasern im Fokus des Systems. Der Vergleich der Messung (Punkte) mit einer Modellrechnung (Linie) ergibt einen Kohärenzgrad von ca. 0,9. Die Asymmetrie der Nebenmaxima ergibt sich aus der Relativphase zwischen beiden Lasern. Diese wurde in den Rechnungen an die Messung angepaßt.

5.2.3 Stabilität der Slave-Laser-Kohärenz

In der Abb. 5.4 wurde der Verlauf einer typischen Kohärenzfunktion in Abhängigkeit der Frequenzdifferenz zwischen Master- und Slave-Laser gezeigt. Der Verlauf ist durch ein absolutes Maximum mit einer von unterschiedlichen Parametern abhängigen Breite geprägt. Ausgehend vom Maximalwert ergibt sich durch eine Änderung von Betriebsstrom oder Gehäusetemperatur von Master- oder Slave-Laser eine Änderung der Frequenzdifferenz und damit eine Reduzierung des Kohärenzgrades. Für eine Stabilisierung der Kohärenz auf dem maximalen Wert ist demnach die zeitliche Stabilität der Betriebsparameter notwendig.

Um die Stabilisierung der Kohärenz zu erreichen, wird das System mit der in Kap. 4.6 beschriebenen Kohärenzregelung betrieben. Die geregelte Größe ist dabei der Betriebsstrom der Slave-Laser. Zur Charakterisierung dieser Regelung wurde die Kohärenz zwischen zwei Slave-Lasern des Systems mit ein- und ausgeschalteter Kohärenzregelung gemessen. Für die Messung wurde der Interferenzkontrast im Fokus des Lasersystemkopfes mit Hilfe einer Lochblende und eines Detektors bestimmt. Um Maximum und Minimum des Interferenzstreifenbildes im Fokus mit nur einem Detektor messen zu können, wurde die Phase eines der Slave-Laser moduliert. Das modulierte Detektorsignal wurde dann mit einem Digital-Oszilloskop eingelesen und über einen Computer entsprechend der dynamischen Kohärenzmessung ausgewertet. Diese Einzelmessungen wurden mit einem zeitlichen Abstand von 15 s durchgeführt. Das Ergebnis über einen Zeitraum von 30 min zeigt Abb. 5.6. Die Rauschamplitude der Kurve ist durch die digitale Auflösung des Oszilloskops gegeben, die bezüglich der Amplitudendigitalisierung in einem Grenzbereich betrieben werden mußte. Es ergibt sich daraus ein relativer Fehler von ± 3 %.

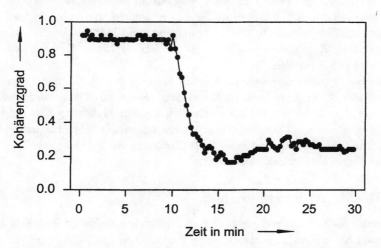

Abbildung 5.6: Kohärenzgrad zwischen zwei Slave-Lasern im Fokus des Systems. Bis zu einer Zeit von 10 min war die Kohärenzregelung eingeschaltet.

In den ersten 10 min der Messung war die Kohärenzregelung in Betrieb, es ergibt sich ein Kohärenzgrad von im Mittel 0,89. Nach dem Abschalten der Regelung fällt das Kohärenzsignal innerhalb von ca. 4 min auf einen Wert von im Mittel 0,24 ab. Dieser Abfall kann auf die Drift der Temperatur von Master- und/oder Slave-Laser zurückgeführt werden. Die Zeitkonstante dieses Abfalls ist damit ein Maß für die Stabilität der Temperatur der Diodenlaser. Geht man für eine Abschätzung der Zeitkonstante von einer halben Breite des Maximums der Kohärenzfunktion von 1,4 GHz aus, so ergibt sich nach Gl. 3.3 aus dieser Frequenzdifferenz und der Zeit für den Abfall ein Temperaturgradient von 10 mK/min.

Die Messung zeigt, daß die Kohärenzregelung ausreichend schnell arbeitet, um diese Drift zu kompensieren und die Kohärenz auf einem hohen Niveau zu stabilisieren.

5.3   Phasenregelung

Die Aufgabe der Phasenregelung ist die Stabilisierung der Lichtwellen-Phase der einzelnen Slave-Laser bezüglich einer Referenzphase. Der Frequenzbereich für diese Regelung beschränkt sich entsprechend der in vorangegangenen Kapiteln angegebenen Grenzen auf den Bereich, in dem die Phasenstörungen durch mechanische Belastungen der Glasfasern bestimmt werden. Entsprechend der in Kap. 2.4.4 dokumentierten Messung ist die obere Grenzfrequenz dieser Phasenfluktuationen ca. 30 kHz. Phasenstörungen bis zu dieser Grenzfrequenz treten jedoch nur bei massiver mechanischer Belastung der Glasfasern auf. Labortypische Frequenzen liegen dagegen im Bereich kleiner 100 Hz, gegeben durch Resonanzen des mechanischen Aufbaus. Um den elektronischen Aufbau der Phasenregelung auf ein für einen Demonstrator angemessenes Maß zu reduzieren, wurde die Grenzfrequenz der Regelung so ausgelegt, daß die labortypischen Frequenzkomponenten ausreichend gedämpft werden.

Die Grenzfrequenz wurde experimentell über die Messung der Phasenmodulationstiefe des Interferenzbildes zweier Slave-Laser im Systemfokus bestimmt. Dazu wurde der Phasen-Sollwert eines Slave-Lasers zeitlich mit einem Sinussignal moduliert und die Modulationsamplitude des Interferenzbildes mit einem Detektor und einer Lochblende im Systemfokus gemessen. Die Grenzfrequenz bei einer 3 dB-Dämpfung des Signals gegenüber dem unmodulierten Signal beträgt ca. 2 kHz.

5.3.1   Residuale Phasenfehler

Für eine genauere Charakterisierung des Phasenregelkreises wurde die Stabilität der Phase zwischen zwei Slave-Kanälen gemessen. Die Bestimmung der Phase wird dazu auf die Messung der Leistungsdichte mit einem Detektor und einer Lochblende an einem festen Ort x_0 der interferometrischen Überlagerung zurückgeführt. Die Berechnung der Phase aus der gemessenen Leistungsdichte folgt in diesem Fall aus der Umkehrfunktion der Gl. 2.7:

$$\Phi\left(x_0, t\right) = \arccos\left(\frac{I\left(x_0, t\right)}{2I_0} - 1\right). \tag{5.4}$$

Diese Berechnung ist nur eindeutig, wenn der Wert für die Phase innerhalb des Wertebereichs der Arcuscosinus-Funktion von $[0, \pi]$ bleibt. Da die Leistungsdichteverteilung nicht nur von der Zeit (durch Phasenfluktuationen), sondern auch vom Ort abhängig ist, muß die räumliche Auflösung bei der Messung der Leistungsdichte ausreichend sein. Diese Auflösung ist durch das Verhältnis von Lochblendendurchmesser zu Interferenzstreifenabstand gegeben. Der Abstand zwischen zwei Maxima der Leistungsdichteverteilung

$I\,(x,t)$ im vergrößerten Systemfokus beträgt für die zur Messung verwendeten Slave-Laser ca. 390 μm (vgl. Abb. 5.5). Die verwendete Lochblende hatte einen Durchmesser von 20 μm. Daraus ergibt sich eine Auflösung von ca. 1/20 der charakteristischen Periode der Leistungsdichteverteilung, was ausreichend genau ist.

Die maximale Empfindlichkeit bei der Messung wird erreicht, wenn der Phasenwert im Bereich der größten Steigung der Arcuscosinus-Funktion um $\Phi = \pi/2$ ist. Die Soll-Phase zwischen beiden Slave-Strahlen wird aus diesem Grund mit Hilfe der Sollwertvorgabe der elektronischen Phasenregelung so eingestellt, daß die Leistung auf dem Detektor gleich dem Mittelwert $2I_0$ ist. Bei Abweichungen der Ist-Phase von der eingestellten Soll-Phase um Werte kleiner $\pm\,\pi/2$ läßt sich der Phasenfehler dann direkt nach Gl. 5.4 aus dem gemessenen Signal $I\,(x_0,t)$ berechnen. Übersteigt die Phasenabweichung diese Grenzwerte, sind die Meßwerte der Leistungsdichte nicht mehr eindeutig interpretierbar.

Sind die Phasenfluktuationen klein im Vergleich zu π, so ist die Leistungsdichte $I\,(x_0,t)$ proportional zur Phasendifferenz zwischen den Lasern:

$$\Phi\,(x_0,t) \sim \left(\frac{I\,(x_0,t)}{2I_0} - 1\right) \qquad \text{für} \qquad \left|\frac{I\,(x_0,t)}{2I_0} - 2I_0\right| \ll 1. \qquad (5.5)$$

Zur Charakterisierung der Phasenregelung wurden Messungen für unterschiedliche Betriebszustände des Systems durchgeführt. Abb. 5.7 zeigt drei Messungen über eine Zeit von 2 s, aufgenommen mit einem Digitaloszilloskop (Abtastfrequenz 8 kHz). Zur Dämpfung hochfrequenter Anteile war zwischen Detektor und Oszilloskop ein Tiefpaß mit einer Grenzfrequenz von 3 kHz geschaltet. Das gemessene Detektorsignal wurde nach Gl. 5.4 in einen Phasenfehler umgerechnet.

Während Messung (a) war die Phasenregelung ausgeschaltet und das Faserbündel zwischen den Slave-Lasern und dem Linsenarray wurde mechanisch belastet. Das Frequenzspektrum der mechanischen Belastung entsprach näherungsweise dem des in Kap. 3.2 dokumentierten Experiments. Die Phase kann frei zwischen den Werten $+\pi$ und $-\pi$ fluktuieren. Aus der Meßmethode ergibt sich jedoch nur ein Wertebereich von $+\pi/2$ bis $-\pi/2$ und damit die oben erwähnte Fehlinterpretation. Die Ergebnisse geben damit nur eine untere Grenze für die Phasenfehler bei dieser Messung an. Messung (b) wurde bei gleicher mechanischer Belastung, jedoch mit eingeschalteter Phasenregelung durchgeführt. Der Betrag der Phasenfehler bleibt bei dieser Messung kleiner $\pi/2$ und wird damit durch Gl. 5.4 korrekt beschrieben. Kurve (c) zeigt das Signal bei eingeschalteter Phasenregelung ohne Belastung der Glasfasern, d.h. das System unterlag nur der langsamen thermischen Drift mit Frequenzkomponenten kleiner 100 Hz.

Bei der Messung (b) ist zu beachten, daß die Phasenstörungen durch mechanische Belastung nicht nur im Frequenzbereich unterhalb der Grenzfrequenz der Phasenregelung von 2 kHz liegen. Die hochfrequenten Komponenten oberhalb der Grenzfrequenz führen dazu, daß die durch die mechanische Belastung induzierten Phasenfluktuationen nicht voll ausgeregelt werden können. Trotzdem wird die Dämpfung der Phasenfehler gegenüber dem

ungeregelten Signal (a) deutlich. Der maximale Phasenfehler wird auf 660 mrad (38°)
reduziert. Da eine frequenzlimitierte mechanische Belastung der Fasern technisch nur
mit hohem Aufwand möglich ist, wurde zusätzlich Messung (c) durchgeführt. Bei dieser
Messung ergeben sich die Frequenzkomponenten der Störung nur durch thermische Drift
und Resonanzen des mechanischen Aufbaus. Der maximale Phasenfehler bei dieser Messung beträgt 85 mrad (4,9°) und ist vergleichbar mit Messungen an ähnlichen Systemen
[Tem 93], [Neu 94].

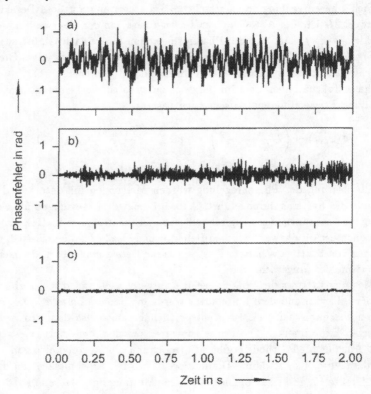

Abbildung 5.7: Phasenfluktuationen zwischen zwei kohärenten Slave-Lasern des Systems:
(a) ohne Phasenregelung, (b) mit Phasenregelung mit massiver mechanischer Belastung
der Fasern und (c) mit Phasenregelung, jedoch ohne mechanische Belastung der Fasern.

5.3.2 Frequenzcharakteristik der residualen Phasenfehler

In Abb. 5.8 sind die Frequenzspektren für die oben gezeigten Messungen dargestellt. Die
Spektren wurden aus den zeitdiskretisierten Daten vom Digital-Oszilloskop mittels einer

schnellen Fouriertransformation berechnet und zeigen den für den Nachweis der Funktion
der Phasenregelung interessanten Frequenzbereich bis ca. 2,5 kHz.

Der Vergleich zwischen den Kurven (a) und (b) zeigt, daßPhasenstörungen aufgrund mechanischer Faserbelastungen bis zu einer Frequenz von ca. 1 kHz durch die Phasenregelung
um mehr als 3 dB gedämpft werden. Im niederfrequenten Bereich ist die Dämpfung größer
als 15 dB. Wie oben erwähnt, ist bei Messung (b) zu beachten, daß die Phasenregelung die
hochfrequenten Anteile der Phasenstörungen nicht ausregeln kann. Die aus diesem Grund
durchgeführte Messung (c) zeigt im niederfrequenten Bereich bis 100 Hz eine Dämpfung
von größer 20 dB gegenüber Messung (a).

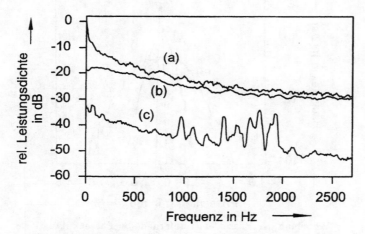

Abbildung 5.8: Spektrale Leistungsdichte der Phasenfluktuation zwischen zwei kohärenten
Slave-Lasern für die in Abb. 5.7 gezeigten zeitabhängigen Messungen.

Im Frequenzband von 1 bis 2 kHz zeigen sich Resonanzen, die in ihrer maximalen Lei-
stungsdichte um bis zu 15 dB über dem Untergrund liegen. Diese Resonanzen sind keine
Artefakte einer individuellen Messung, sondern konnten bei wiederholten Messungen in
Frequenz und spektraler Leistung reproduziert werden. Aufgrund der geringen spektralen
Breite dieser Resonanzen kann ihr Ursprung nicht eine fehlerhafte Funktion der Regel-
elektronik sondern nur eine externe Einstreuung sein.

5.3.3 Häufigkeit der residualen Phasenfehler

Die zeitliche und spektrale Verteilung der Phasenstörungen allein lassen keine direkte
Aussage über deren Häufigkeit zu. Um die Beeinträchtigung der kohärenten Kopplung
durch die gemessenen residualen Phasenstörungen quantifizieren zu können, wurden die
Häufigkeit der Phasenfehler in Abhängigkeit ihrer Amplitude aufgetragen. Dies wurde

für die oben beschriebenen Messungen durchgeführt. Die Ergebnisse sind in Abb. 5.9 dargestellt und die Standardabweichungen der Phasenfehler in Tabelle 5.2 zusammengefaßt. Bei dem Vergleich der Werte aus Tabelle 5.2 ist zu berücksichtigen, daß im ungeregelten Fall (a) die Phase frei zwischen den Extremwerten von $\pm\pi$ fluktuiert und damit die Messung nicht mehr eindeutig interpretierbar ist. Sie gibt deshalb nur die untere Grenze des Grades der Phasenstörungen an. Aus diesem Grund sind die Werte in Tab. 5.2 mit Klammern versehen.

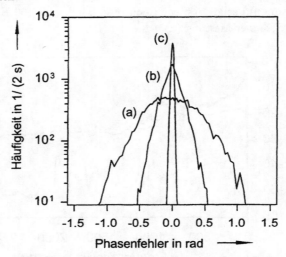

Abbildung 5.9: Verteilung der Phasenfehler aufgrund von Phasenfluktuationen zwischen zwei kohärenten Slave-Lasern für die in Abb. 5.7 gezeigten zeitabhängigen Messungen.

Messung	Standardabweichung	
	mrad	Grad
(a)	(340)	(19,3)
(b)	140	7,8
(c)	20	1,1

Tabelle 5.2: Standardabweichungen der Phasenfehler für die in Abb. 5.7 dargestellten Messungen. Der Wert für Messung (a) gibt aus den im Text genannten Gründen nur eine untere Grenze an.

Bei den Messungen (b) und (c) mit eingeschalteter Phasenregelung bleiben die Maximalamplituden des Detektorsignals während der Messung deutlich kleiner als die durch den Kontrast der interferometrischen Überlagerung gegebene Maximalamplitude. Hier ist die Interpretation der Meßergebnisse nach Gl. 5.4 eindeutig.

Der Faktor von 2,4 zwischen den Standardabweichungen für den ungeregelten und geregelten Fall (a und b) entspricht aufgrund der möglichen Fehlinterpretation ebenfalls nur einer unteren Grenze für die Dämpfung durch die Phasenregelung. Messung (b) enthält außerdem, wie oben erwähnt, nicht ausregelbare Frequenzanteile. Der Vergleich zwischen Messung (a) und (c) ergibt eine, wieder als untere Grenzen anzusehende, Reduzierung der Standardabweichung um den Faktor 17.

Die Ergebnisse belegen, daß mit der realisierten Phasenregelung eine für den Laborbetrieb ausreichende Stabilität erreicht wird. Durch eine Optimierung der Regelelektronik sollte es darüber hinaus möglich sein, eine Regel-Grenzfrequenz von bis zu 30 kHz mit vergleichbarer Stabilität zu realisieren.

5.4 Leistungsdichteverteilung im Systemfokus

Die Qualität des Systems in bezug auf die Anwendung als Werkzeug läßt sich durch die Leistungsdichteverteilung im Systemfokus beschreiben. Unter der Annahme einer ebenen Phasenfront im Fokus wird der Strahl vollständig durch die zweidimensionale Leistungsdichteverteilung definiert, die für den inkohärenten und den kohärenten Betrieb des Systems gemessen wurde (Kap. 5.4.1). Unterliegt der Strahl einer räumlichen Rotationssymmetrie, läßt sich die zweidimensionale auf eine eindimensionale Verteilung reduzieren ('Encircled Energy', Kap. 5.4.2). Diese Darstellung zeichnet sich durch eine geringere Komplexität aus und macht die einfachere Bestimmung von Strahlparametern möglich.

Die Stabilität der Leistungsdichteverteilung gegenüber Änderungen von Systemparametern wird mit Hilfe von Modellrechnungen im Unterkapitel 5.4.5 untersucht.

5.4.1 Zweidimensionale Verteilung

Messung

Der mit einem Mikroskopobjektiv (20-fach, $NA = 0,35$) vergrößerte Systemfokus wurde mit einer Lochblende (Durchmesser 20 μm) und einem Detektor auf einem computergesteuerten Verschiebetisch in einem 30 μm-Raster von insgesamt 2 mm Kantenlänge vermessen. Die Ergebnisse für den inkohärenten und den kohärenten Betrieb des Systems zeigen die Abbildungen 5.10 und 5.11. Beide Messungen sind mit dem gleichen Maßstab für die Leistungsdichte dargestellt, um die Leistungsdichtezunahme im zentralen Maximum beim Übergang vom inkohärenten zum kohärenten Betrieb zu veranschaulichen.

Die inkohärente Verteilung entspricht der Addition der Gaußschen Leistungsdichteverteilungen der Slave-Laser, die gegenüber den Einzelverteilungen um 12 % aufgrund von Positionstoleranzen der Fasern im Linsenarray verbreitert ist. Die kohärente Verteilung ergibt sich aus der interferometrischen Überlagerung der zueinander kohärenten Einzelstrahlen. Die Form der Verteilung mit einem zentralen Maximum und hexagonal angeordneten Nebenmaxima ergibt sich aus der Symmetrie des Linsenarrays. Die Spitzenleistungsdichte im Zentrum der Verteilung resultiert aus der konstruktiven interferometrischen Überlagerung der Einzelstrahlen in diesem Punkt.

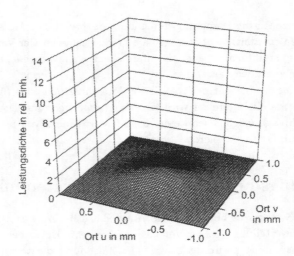

Abbildung 5.10: Gemessene Leistungsdichteverteilung in der 20-fach vergrößerten Fokusebene des Systems für die inkohärente Überlagerung der 19 Slave-Laser. Es ergibt sich eine gaußförmige Verteilung, deren Maximum auf 1 normiert wurde.

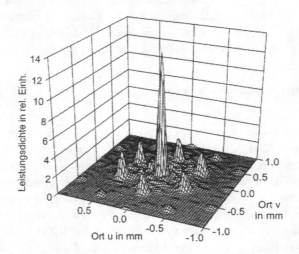

Abbildung 5.11: Gemessene Leistungsdichteverteilung in der 20-fach vergrößerten Fokusebene des Systems für die kohärente Überlagerung der 19 Slave-Laser. Die hexagonale Symmetrie der Verteilung ergibt sich aus der Anordnung der Linsen im Linsenarray auf einem Dreiecksgitter. Der Leistungsdichtemaßstab ist der gleiche wie in Abb. 5.10.

Unter der Annahme einer ebenen Phasenfront über das gesamte Strahlbündel nach dem Linsenarray läßt sich aus dem Verhältnis der Spitzenleistungsdichten für den kohärenten und inkohärenten Fall der über alle Emitter gemittelte Systemkohärenzgrad bestimmen. Im Idealfall eines Kreuzkohärenzgrades von 1 zwischen den Slave-Lasern ergibt sich für die Überlagerung von N Lasern mit gleicher Leistung ebenfalls ein Faktor N für die Leistungsdichtesteigerung (Gl. 3.34 und [Leg 94]).

Für die gezeigten Messungen ergibt sich ein Faktor von 13,2 und damit aus dem Vergleich zum idealen Faktor 19 ein Systemkohärenzgrad von 0,7. Neben einer reduzierten Kreuzkohärenz zwischen den Einzelemittern wird der Systemkohärenzgrad auch durch Justagetoleranzen für die Polarisation und die Phase der Einzelemitter beeinflußt.

Vergleich mit Modellrechnungen

Um die Messungen qualifizieren zu können, ist der Vergleich mit Modellrechnungen wertvoll. Die berechnete Leistungsdichteverteilung für das realisierte System zeigt Abb. 5.12.

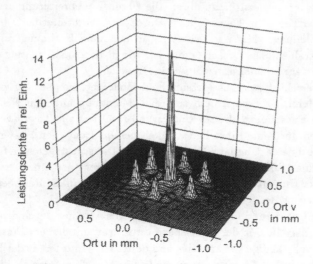

Abbildung 5.12: Berechnete Leistungsdichteverteilung für die kohärente Überlagerung der 19 Slave-Laser. Die Parameter für die Berechnung wurden entsprechend dem realisierten System eingestellt.

In diese Rechnung sind die folgenden Systemparameter eingegangen:

- Individuelle Leistung der Einzelemitter,

- Position der Einzelemitter in der Ebene des Gesamtfokus (Abweichungen von der idealen Position durch Toleranzen im Linsenarray, Breite der Verteilung: $\sigma = 12\%$ des Einzelfokusdurchmessers),

- mittlerer Kohärenzgrad = 0, 7 (Anpassung an das Experiment),
- Geometrie des Linsenarrays (freie Apertur = 6 mm, Abstand = 7 mm),
- Charakteristik der Einzelstrahlen und
- Brennweite der fokussierenden Linse (f_{LF} = 200 mm).

Die Toleranzen der Sollphase der Einzelemitter werden in den Modellrechnungen durch den an das Experiment angepaßten Kohärenzgrad berücksichtigt.

Der Vergleich zwischen Messung und Modellierung zeigt eine gute Übereinstimmung bezüglich der Symmetrie der Verteilungen. Die auffälligsten Abweichungen sind die zusätzlichen Nebenmaxima in der Messung, die in der Modellrechnung nicht sichtbar werden. Außerdem ist das gemessene Verhältnis zwischen Spitzenleistungsdichte im Zentrum der Verteilung und dem Maximum der Nebenmaxima erster Ordnung kleiner als in der Modellrechnung. Diese beiden Effekte sind auf die nicht beugungsbegrenzten Einzelstrahlen im Experiment zurückzuführen, die zu einer Verbreiterung der inkohärenten Leistungsdichteverteilung im Fokus führen. Durch diese Verbreiterung werden die Randbereiche der Verteilung stärker gewichtet als in der Modellrechnung mit beugungsbegrenzten Einzelstrahlen. Die Ursache dafür ist, wie in Kap. 5.4.2 gezeigt wird, die nicht beugungsbegrenzt arbeitenden Einzellinsen im Linsenarray.

Ein weiterer Unterschied zwischen Messung und Modellrechnung ist der größere Rauschuntergrund im Bereich zwischen dem zentralen Maximum und den Nebenmaxima erster Ordnung im Experiment. Dieser Untergrund resultiert aus Toleranzen der Phasen-Sollwerte, gegeben durch die Einstellgenauigkeit der elektronischen Phasenregelung, und aus dem nicht optimalen Überlapp der Einzelfoki. Diese Justagefehler führen zu einer nicht optimalen konstruktiven bzw. destruktiven Interferenz der Einzelstrahlen im Fokus und damit zu einer Umverteilung der Leistung vom Zentrum in die Randbereiche. Daraus folgt eine Reduzierung des Systemkohärenzgrades.

Der strukturierte Untergrund in den Modellrechnungen wird nur durch den nicht optimalen Überlapp der Einzelfoki in der Fokusebene verursacht, mit den erwähnten Auswirkungen auf die nicht vollständige konstruktive und destruktive Interferenz der Einzelstrahlen. Die Phasenfront nach dem Linsenarray wurde in den Modellierungen als ideal eben angenommen.

Mit den gezeigten Messungen und Modellrechnungen konnte die Funktion des Systems mit einem Systemkohärenzgrad von 0,7 nachgewiesen werden. Die gute Übereinstimmung von Messung und Rechnung macht es weiterhin möglich, die Modellrechnungen als ein realitätsnahes Werkzeug zur Systemqualifizierung einzusetzen.

5.4.2   Eindimensionale Verteilung

Berechnung aus zweidimensionaler Messung

Eine weitere Möglichkeit zur Strahlcharakterisierung ist die Bestimmung einer rotationssymmetrischen eindimensionalen Leistungsverteilung. Diese ist gleich der durch eine

Lochblende mit Radius r transmittierten Leistung $P(r)$ in Abhängigkeit des Lochblen-
denradius ('Encircled Energy'). Sie läßt sich aus der oben beschriebenen gemessenen
diskreten zweidimensionalen Leistungsdichteverteilung $I_{i,j}(x_i, y_j)$ über eine Summation
bestimmen:

$$P(r) = A \cdot \sum_{i,j} I_{i,j}(x_i - x_0, y_j - y_0) \quad \text{mit} \quad \sqrt{(x_i - x_0)^2 + (y_j - y_0)^2} < r. \quad (5.6)$$

In Gl. 5.6 sind x_0 und y_0 die Schwerpunktkoordinaten der zweidimensionalen Leistungsdichteverteilung und A die Bezugsfläche für die Leistungsdichte $I_{i,j}$.
Die Reduzierung von zwei auf eine Dimension bedeutet im allgemeinen einen Informati-
onsverlust, der jedoch durch die Berücksichtigung einer räumlichen Symmetrie teilweise
kompensiert werden kann. Bei den gezeigten zweidimensionalen Messungen besteht diese
Symmetrie in dem praktisch rotationssymmetrischen zentralen Maximum sowie in den
auf Radien um dieses Maximum verteilten Nebenmaxima.

Vergleich der Messungen mit Modellrechnungen
Die eindimensionalen Verteilungen für die gemessene inkohärente und kohärente Leistungsdichteverteilung sind in Abb. 5.13 dargestellt. Für die inkohärente Verteilung

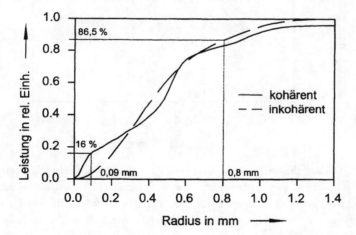

Abbildung 5.13: Gemessene Leistung in Abhängigkeit des Strahlradius ('Encircled Energy') für die inkohärente und die kohärente Überlagerung der 19 Slave-Laser. Der Strahlradius (bei $1/e^2$) der inkohärenten Verteilung in der 20-fach vergrößerten Fokusebene ist
0,8 mm. Der Leistungsinhalt des zentralen Maximums der kohärenten Verteilung beträgt
ca. 16 %.

ergibt sich ein gleichmäßig ansteigender Verlauf. Die kohärente Verteilung dagegen zeigt
stärkere Änderungen des Gradienten, die der stärkeren Strukturierung der dazugehörigen

zweidimensionalen Verteilung entspricht. Bereiche mit großen Gradienten entsprechen dabei den Radien, auf denen die Nebenmaxima in der zweidimensionalen Verteilung liegen. Aus dieser Darstellung läßt sich der Leistungsinhalt des zentralen Maximums der gemessenen kohärenten Verteilung zu ca. 16 % der Gesamtleistung bestimmen. Das Kriterium für den Radius dieses Maximums ist das Abknicken der eindimensionalen Verteilung nach dem ersten steilen Anstieg. Diese Gradientendiskontinuität ergibt sich aus dem Übergang vom Maximum mit großer Leistungsdichte in den Bereich mit kleiner Leistungsdichte, der das Maximum umgibt.

Die berechneten eindimensionalen Verteilungen für die durchgeführten Modellrechnungen bei inkohärentem und kohärentem Betrieb sind in Abb. 5.14 gezeigt. Nach dem obigen Kriterium beträgt der Leistungsinhalt des zentralen Maximums der kohärenten Verteilung 26 %. Außerdem ist die Breite der inkohärenten Verteilung (bei $1/e^2$) mit 0,48 mm deutlich geringer als die Breite von 0,8 mm im Experiment.

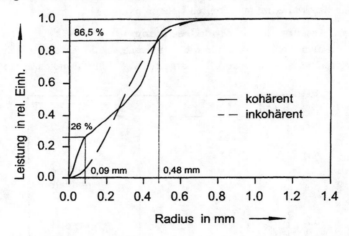

Abbildung 5.14: Berechnete Leistung in Abhängigkeit des Strahlradius ('Encircled Energy') für die inkohärente und die kohärente Überlagerung der 19 Slave-Laser entsprechend dem realisierten System. Der Strahlradius (bei $1/e^2$) der inkohärenten Verteilung in der 20-fach vergrößerten Fokusebene ist 0,48 mm. Der Leistungsinhalt des zentralen Maximums beträgt ca. 26 %.

Für die Modellrechnungen wurde eine aberrationsfreie ideale Optik für Linsenarray und Fokussierlinse im Lasersystemkopf angenommen. Die Berechnung der verwendeten Optik mit einer kommerziellen Optikdesign-Software (ZEMAX 6.0, Focus Software Inc., USA) liefert jedoch für die gegebenen experimentellen Bedingungen einen deutlichen Einfluß von Aberrationen der Kollimationslinsen des Arrays. Abb. 5.15 zeigt die gemessene Verteilung (a) im Vergleich zu einer mit ZEMAX berechneten eindimensionalen Leistungsverteilung (b) für einen Einzelstrahl im Systemfokus. Zusätzlich sind die mit dem Modellierungsprogramm (c) und ZEMAX (d) berechneten Verteilungen für ideale Kollimationslinsen dargestellt. Beide "realen" Verteilungen (a und b) weichen von den beugungsbegrenzten Verteilungen (c und d) in qualitativ gleicher Form ab. Die experimentell ermittelte Verbreiterung der inkohärenten Verteilung kann damit auf Aberrationen durch die Linsen des Linsenarrays zurückgeführt werden.

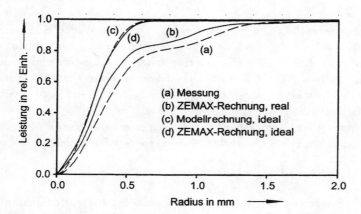

Abbildung 5.15: Vergleich von gemessenen und berechneten eindimensionalen Leistungsverteilungen im Systemfokus für einen Einzelstrahl.

Diese Aberrationen sind zum überwiegenden Teil die Ursache für den verringerten Leistungsinhalt im zentralen Maximum und das Auftreten der Nebenmaxima zweiter Ordnung in der gemessenen kohärenten Verteilung. Auf die Berechnung des Systemkohärenzgrades haben die Aberrationen keinen Einfluß, da das Maximum der kohärenten und der inkohärenten Verteilung um den gleichen Faktor reduziert wird.

5.4.3 Experimentelle Ergebnisse für die Spitzenleistungsdichte

Die in den beiden vorherigen Unterkapiteln gezeigten Leistungsdichteverteilungen sind Ergebnisse von Relativmessungen, die mit einer Lochblende und einem unkalibrierten Photodetektor durchgeführt wurden. Die Bestimmung des absoluten Wertes der Spitzenleistungsdichte für die inkohärente und kohärente Überlagerung aus diesen Daten ist daher nicht möglich. Diese werden im folgenden aus der gemessenen räumlich integrierten Leistung im Fokus, dem gemessenen Strahldurchmesser für die inkohärente Überlagerung und dem Faktor für die Leistungsdichteerhöhung bei kohärentem Betrieb berechnet.

Die inkohärente Verteilung entsprechend Abb. 5.10, läßt sich durch eine zweidimensionale rotationssymmetrische Gaußsche Verteilung $I_g(r)$ mit guter Näherung beschreiben:

$$I_g(r) = I_0\, e^{-\frac{8\,r^2}{w_{inkoh}^2}}\,. \tag{5.7}$$

Darin bezeichnet w_{inkoh} den Strahldurchmesser der inkohärenten Verteilung bei I_0/e^2 und I_0 die gesuchte Spitzenleistungsdichte. I_0 läßt sich aus dem Vergleich der gemessenen Strahlleistung P_0 und der über Radius und Winkel integrierten Funktion $I_g(r)$ bestimmen:

$$I_0 = \frac{P_0}{\int_0^\infty \int_0^{2\pi} r\, I_g(r)\; d\phi\, dr} \tag{5.8}$$

Mit einer gemessenen Leistung im Fokus von $P_0 = 110$ mW und einem inkohärenten Strahldurchmesser im Fokus nach der Fokussierlinse von $w_{inkoh} = 80$ μm (entspricht 1/20 des Wertes aus Abb. 5.13) ergibt sich eine Spitzenleistungsdichte für die inkohärente Überlagerung von $I_0 = 4,4 \cdot 10^3$ W/cm^2. Die mittlere Leistung, bezogen auf einen Durchmesser von 80 μm beträgt $I_m = P_0/(\pi \cdot \left(\frac{w_{inkoh}}{2}\right)^2) = 2,2 \cdot 10^3$ W/cm^2 und damit die Hälfte der Spitzenleistungdichte.

Für die kohärente Überlagerung folgt mit der gemessenen Leistungsdichteerhöhung um den Faktor 13,2 die mit dem realisierten System erreichte Spitzenleistungsdichte

$$I_{0,koh} = 13,2 \times I_0 = 5,8 \cdot 10^4\; W/cm^2. \tag{5.9}$$

Bei der Verwendung einer verbesserten Optik mit beugungsbegrenzter Qualität, ließe sich der Fokusdurchmesser von 80 μm auf 48 μm reduzieren (vgl. Abb. 5.15). Dies bedeutet eine um den Faktor $(80/48)^2 = 2,8$ vergrößerte Leistungsdichte.

Die Numerische Apertur des realisierten Systems beträgt bei der Fokussierung mit der Brennweite $f_{LF} = 200$ mm und einem Strahlbündeldurchmesser von 35 mm nur 0,088. Setzt man eine NA von 0,25 an, die für eine Bearbeitungsaufgabe noch gut zu realisieren ist, läßt sich die Spitzenleistungsdichte um den weiteren Faktor $(0,25/0,088)^2 = 8,1$ steigern. Berücksichtigt man diese zwei Optimierungen, ergibt sich eine Spitzenleistungsdichte von $I_{0,koh,opt} = 2,8 \times 8,1 \times I_{0,koh} = 1,3 \cdot 10^6$ W/cm^2. Danach ist mit der kohärenten Kopplung von Diodenlasern mit optischen Ausgangsleistungen im mW-Bereich eine Leistungsdichte von größer 1 MW/cm^2 erreichbar.

5.4.4 Modellierte Systemoptimierung

Um die Potentiale für eine Systemoptimierung zu veranschaulichen, sind in Abb. 5.16 eindimensionale Leistungsverteilungen unter der Berücksichtigung von verschiedenen Systemparametern dargestellt. Die variierten Parameter sind der Systemkohärenzgrad, die Verteilungen der Einzelfoki im Systemfokus (quantifiziert durch die relative Standardabweichung $\sigma_{pos,rel}$) und die Leistungen der Einzelstrahlen ($\sigma_{Leistg,rel}$). Die Parameter für jede Modellrechnung sowie die Werte für den Leistungsinhalt des zentralen Maximums $P_{z.Max}$ sind in Tabelle 5.3 zusammengefaßt.

Die mit Abstand größte Reduzierung des Leistungsinhalts im zentralen Maximum von 43 % auf 32 % ergibt sich durch die Reduzierung des Systemkohärenzgrades von 1 (a) auf 0,7 (b). Die Leistungsumverteilung vom Maximum in den Untergrund wird durch die

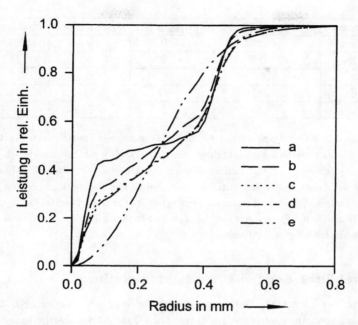

Abbildung 5.16: Berechnete eindimensionale Leistungsverteilungen. Für die Berechnungen wurden unterschiedliche Systemparameter zwischen dem optimalen kohärenten (a) und inkohärenten (e) Fall entsprechend den Angaben in Tab. 5.3 variiert.

deutliche Zunahme des Gradienten zwischen dem zentralen Maximum und den Nebenmaxima deutlich (Radien von 0,1 mm bis 0,4 mm in Abb. 5.16).

Die Berücksichtigung der Einzelfoki-Positionsfehler entsprechend den Verhältnissen im System (c) mit einer Standardabweichung von 12 % führt zu einer Verbreiterung der inkohärenten Verteilung. Daraus resultiert die oben diskutierte Umverteilung in die Nebenmaxima und die nicht optimale Interferenz der Einzelstrahlen in der kohärenten Verteilung. Die Auswirkung dieser Verbreiterung ist eine weitere Reduzierung der Leistung im zentralen Maximum um relativ 12,5 % auf 28 %.

Der Einfluß von ungleichen Einzelstrahlleistungen (im Experiment ± 23 %) ist mit einer Abnahme der Leistung um relativ 7 % auf 26 % praktisch zu vernachlässigen (d). Der geringe Einfluß folgt aus der Abhängigkeit der kohärenten Überlagerung von den Amplituden der interferierenden Felder. Der Effekt ist damit nur zur Quadratwurzel der Leistungen proportional.

Aus diesen Betrachtungen ergeben sich zwei Schwerpunkte der Systemoptimierung: Das Erreichen eines möglichst großen Systemkohärenzgrades zwischen den Slave-Lasern und die toleranzminimierte Montage der Fasern im Linsenarray.

Rechnung	Systemkohärenzgrad	$\sigma_{pos,rel}$ [%]	$\sigma_{Leistg,rel}$ [%]	$P_{z.Max}$ [%]
a	1	0	0	43
b	0,7	0	0	32
c	0,7	12	0	28
d	0,7	12	23	26
e	0	0	0	0

Tabelle 5.3: Modellierungsparameter für die berechneten eindimensionalen Verteilungen in Abb. 5.16. Die relative Standardabweichung $\sigma_{pos,rel}$ gibt die Positionsfehler der Einzelfoki im Systemfokus an und bezieht sich auf den Durchmesser eines Einzelfokus. Die Verteilung der Leistung der Einzelstrahlen wird durch die Standardabweichung $\sigma_{Leist,rel}$ quantifiziert. Die Werte für die Rechnungen (a) bis (d) entsprechen den im System realisierten Parametern. $P_{z.Max}$ gibt den Leistungsinhalt des zentralen Maximums bezogen auf die Gesamtleistung im Systemfokus an.

5.4.5 Stabilität der Leistungsdichteverteilung

Beim Einsatz des Lasers als Werkzeug ist eine zeitliche und räumliche Stabilität der Strahl-Leistungsverteilung notwendig, um eine hohe Qualität des Bearbeitungsergebnisses zu erreichen. Bezogen auf die Leistungsdichteverteilung des hier beschriebenen Systems bedeutet dies die zeitliche und räumliche Stabilität des zentralen Maximums. Aus diesem Grund wird im folgenden die Stabilität der Leistungsdichteverteilung durch die Stabilität der Spitzenleistungsdichte des zentralen Maximums charakterisiert.

Die Spitzenleistungsdichte ist von verschiedenen Einflußgrößen abhängig:

- Phasenfluktuationen,

- Kohärenzgrad,

- Leistungsreduktion oder vollständiger Ausfall einzelner Kanäle und

- Positionsfehler der Einzelfoki im Gesamtfokus.

Die Auswirkungen dieser Einflußgrößen betreffen die räumliche Position des zentralen Maximums sowie den Wert der Spitzenleistungsdichte und lassen sich nur bedingt voneinander trennen. Die Ursache dafür ist die raumzeitliche Abhängigkeit der interferometrischen Überlagerung von den beteiligten Feldern, d.h. eine zeitliche Änderung eines der überlagerten Felder (z.B. durch Phasenfluktuationen) bedeutet ebenfalls eine räumliche Änderung des Interferenzbildes.

Um die Stabilität des Systems in Abhängigkeit der genannten Einflußgrößen zu untersuchen, wurden Modellrechnungen mit Parametervariationen durchgeführt. Die Vorteile der modellierten gegenüber der experimentellen Qualifizierung bestehen in dem geringeren zeitlichen Aufwand, einer einfacheren quantitativen Aussage und einer möglichen isolierten Variation einzelner Parameter. Bei den im folgenden gezeigten Berechnungen für ein ideales System mit 19 Slave-Lasern entspricht der Wert von 1 für die Spitzenleistungdich-te einem Systemkohärenzgrad von 1, einem idealen Überlapp der Einzelfoki sowie einer gleichen Leistung für alle Slave-Laser.

Bei der experimentellen Verifikation besteht das Problem, daß sich die Auswirkungen ver-schiedener Instabilitäten addieren und somit eine differenzierte Beurteilung nur bedingt möglich ist. Ein Beleg für die experimentell bestimmte Systemstabilität ist die Messung der zweidimensionalen Leistungsdichteverteilung (Abb. 5.11). Die Meßzeit für diese Ver-teilung beträgt ca. 20 min. Für die Stabilität der Phasen- und Kohärenzregelung wurden in den vorangegangenen Kapiteln bereits experimentelle Ergebnisse dokumentiert.

Phasenfluktuationen

Phasenfluktuationen treten in einem Frequenzband von wenigen Millihertz bis zu einigen Gigahertz auf. Entsprechend der Differenzierung in dieser Arbeit werden hochfrequente Phasenfluktuationen durch den Kohärenzgrad beschrieben. In diesem Abschnitt werden nur niederfrequente Fluktuationen behandelt, die durch Belastungen der Glasfasern oder eine Sollwertdrift der Phasenregelung entstehen.

Abb. 5.17 zeigt die Spitzenleistungsdichte für das System beim Betrieb mit 19 Slave-Lasern in Abhängigkeit eines Phasenfehlers.

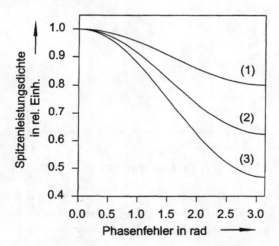

Abbildung 5.17: Berechnete Spitzenleistungsdichte für ein System mit 19 Slave-Lasern in Abhängigkeit eines Phasenfehlers für ein (1), zwei (2) und drei (3) Kanäle.

Dieser ist definiert als Abweichung vom Phasensollwert für ein, zwei und drei Slave-Laser. Die jeweils restlichen 18, 17 und 16 Laser haben bei der Berechnung eine ideale Soll-Phase. In Abhängigkeit des Phasenfehlers kommt es zu einer deutlichen Abnahme der Spitzen-leistungsdichte. Bei nur einem Slave-Laser mit einem Phasenfehler von π nimmt die Spitzenleistungsdichte um 19 % auf einen Wert von 0,81 ab. Für zwei fehlerhafte Laser ergibt sich ein Abfall auf 0,62 und für drei auf 0,47. Diese drastische Abnahme zeigt, wie empfindlich das System auf einen Ausfall der Phasenregelung reagieren würde. Bei einem Ausfall der Phasenregelung für drei Slave-Laser (bei insgesammt 19 Kanälen) ist die Fluktuation der Spitzenleistungsdichte größer 50 %. Die Ursache für diesen großen Effekt ist die Wechselwirkung eines einzelnen Strahls mit allen anderen Strahlen des Systems. Durch die Änderung der Phase eines einzelnen Strahls wird die räumliche Symmetrie der Interferenzen mit allen anderen Lasern beeinflußt. Die charakteristische hexagonale Symmetrie der Leistungsdichteverteilung wird dabei jedoch nicht signifikant geändert.

Kohärenzgrad

Der Kohärenzgrad der einzelnen Slave-Laser ergibt sich aus der Effizienz des Injection-Locking-Prozesses. In den Modellrechnungen wurde für die Slave-Laser ein mittlerer Systemkohärenzgrad angenommen. Abb. 5.18 zeigt die Abhängigkeit der Spitzenleistungsdichte vom Systemkohärenzgrad.

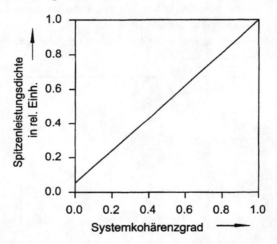

Abbildung 5.18: Berechnete Spitzenleistungsdichte für ein System mit 19 Slave-Lasern in Abhängigkeit des Systemkohärenzgrades. Aus dem theoretischen Ansatz für die partielle Kohärenz in den Modellrechnungen folgt ein linearer Zusammenhang.

Für die vollständig inkohärente Überlagerung der Slave-Laser ist die Spitzenleistungsdichte gleich 1/19tel des Wertes für die vollständig kohärente Überlagerung. Aussagen über die Auswirkungen einer verringerten Kohärenz von einzelnen Slave-Lasern lassen sich mit dem hier verwendeten Ansatz für die Modellrechnungen nicht treffen. Unter der Näherung, daß der Beitrag eines vollständig inkohärenten Slave-Lasers zur kohärenten Überlagerung vernachlässigt werden kann, ist der Beitrag eines partiell kohärenten Slave-Lasers gleich seinem kohärenten Leistungsanteil. Dieser Fall läßt sich durch die im folgenden Abschnitt beschriebene Leistungsreduktion einzelner Slave-Laser annähernd berücksichtigen.

Leistungsreduktion einzelner Slave-Laser

Eine Reduzierung der Leistung oder der vollständige Ausfall einzelner Slave-Laser wird in ihrem zeitlichen Verhalten durch die Diodenlaser-Lebensdauer bestimmt, die bis zu einigen tausend Stunden beträgt. Die Abhängigkeit der Spitzenleistungsdichte von der Leistung einzelner Slave-Laser zeigt Abb. 5.19. Für diese Rechnungen wurde die Leistung von bis zu drei Slave-Lasern variiert. Die Leistungen der restlichen Laser war konstant und gleich 1/19tel der Gesamtleistung.

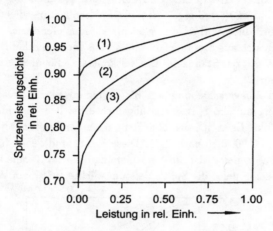

Abbildung 5.19: Berechnete Spitzenleistungsdichte für ein System mit 19 Slave-Lasern in Abhängigkeit der Leistung für ein (1), zwei (2) und drei (3) Slave-Laser. Selbst bei einer Abnahme um bis zu 25 % der Leistung von drei Slave-Lasern bleibt die Spitzenleistungsdichte größer als 95 % des maximalen Wertes.

Die Spitzenleistungsdichte ist von einer Leistungsänderung einzelner Slaves weniger abhängig als bei einer Phasenänderung. Es zeigt sich ein quadratwurzelförmiger Verlauf für die Spitzenleistungsdichte in Abhängigkeit der Leistung einzelner Kanäle. Beim vollständigen Ausfall eines Lasers reduziert sich die Spitzenleistungsdichte auf 0,90, für zwei und drei Kanäle auf 0,80 bzw. 0,71. Diese Werte ergeben sich aus dem quadratischen Verhältnis zwischen der Anzahl der noch eingeschalteten Laser N_e zu der Gesamtanzahl von Lasern im System N_g:

$$\frac{N_e^2}{N_g^2} = \frac{I_{sys,koh}\,(0,0,N_e)}{I_{sys,koh}\,(0,0,N_g)}. \tag{5.10}$$

$I_{sys,koh}\,(0,0,N)$ ist darin die Spitzenleistungsdichte der System-Leistungsdichteverteilung für N Emitter (vgl. auch Kap. 3.3). Der Ausfall eines von 19 Lasern, das entspricht 5 % weniger Leistung, hat damit eine Reduzierung um 10 % der Spitzenleistungsdichte zur Folge. Durch den nichtlinearen Zusammenhang zwischen der Spitzenleistungsdichte und der Slave-Leistung ist der Effekt für kleine Änderungen der Leistung deutlich gedämpft. Bis zu einer Leistungsreduktion auf 75 % für drei Slave-Laser bleibt die Spitzenleistungsdichte größer 95 % der maximal erreichbaren Leistungsdichte. Diese relativ schwache Abhängigkeit der Spitzenleistungsdichte bei nur geringen Leistungsänderungen der Einzel-Laser zeigte sich auch im vorangegangenen Kapitel bei der Systemoptimierung.

Positionsfehler der Einzelfoki

Aus der Verschiebung der Einzelfoki aus dem Punkt der optimalen Überlagerung im Systemfokus resultiert eine Verbreiterung und damit eine Reduzierung des zentralen Maximums der inkohärenten Verteilung. Auf die Spitzenleistungsdichte der kohärenten Überlagerung wirkt sich diese Verbreiterung ebenfalls reduzierend aus. Die Positionsfehler der Einzelfoki ergeben sich aus Montagefehlern und aus mechanischer Drift der Faserpositionen im Linsenarray mit der Standzeit. Die Zeitkonstante für diese Änderungen beträgt damit Monate bis Jahre.

Für den Fall einer Fokusverschiebung um bis zu einem Einzelfokusdurchmesser zeigt Abb. 5.20 die Wirkung auf die Spitzenleistungsdichte bei der Verschiebung von einem, zwei und drei Einzelfoki. Es ergibt sich eine Reduktion der Leistungsdichte für die maximale Verschiebung auf 0,90, 0,80 bzw. 0,71. Diese Werte sind denen für ein Ausschalten der einzelnen Slave-Laser gleich. Ist die Verschiebung der drei Kanäle kleiner als 1/4 des Einzelfokusdurchmessers, bleibt die Spitzenleistungsdichte auf einem Wert größer 0,95.

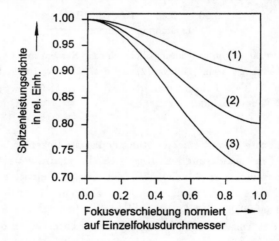

Abbildung 5.20: Berechnete Spitzenleistungsdichte für ein System mit 19 Slave-Lasern in Abhängigkeit einer Fokusverschiebung für ein (1), zwei (2) und drei (3) Slave-Laser. Bleibt die Fokusverschiebung der drei Kanäle kleiner 1/4 des Einzelfokusdurchmessers, sinkt die Spitzenleistungsdichte um maximal 5 % ab.

Zusammenfassung

Die Rechnungen zeigen, daß das System am empfindlichsten auf Störungen bzw. auf einen

Ausfall der Phasenregelung reagiert. Schon bei einem Ausfall für 15 % der Kanäle ergeben sich Leistungsfluktuationen von mehr als 50 %.

Der Zusammenhang zwischen Systemkohärenzgrad und Spitzenleistungsdichte ist linear. Für große Kohärenzgrade ist die relative Abnahme der Spitzenleistungsdichte damit gleich einer relativen Abnahme der Systemkohärenz.

Die Auswirkungen einer Leistungsreduktion einzelner Slave-Laser und die Drift der Einzelfoki aus der Position des optimalen Überlapps im Gesamtfokus resultieren aus Montagetoleranzen beim Systemaufbau und aus Alterungsprozessen während der Systemstandzeit. Diese haben im Vergleich zur Phase der Einzelemitter nur einen geringen Einfluß auf die Systemstabilität.

Die Auswirkungen beim Ausfall eines oder mehrerer Phasenregel-Kanäle können durch das vollständige Abschalten der entsprechenden Diodenlaser minimiert werden. Durch das Abschalten wird die Fluktuation der Spitzenleistungsdichte aufgrund der frei fluktuierenden Phasen vollständig unterdrückt.

6 Zusammenfassung und Ausblick

6.1 Zusammenfassung

Die Schwerpunkte der Arbeit lagen in der experimentellen Verifizierung und Qualifizierung eines Systemkonzeptes zur kohärenten Kopplung von Diodenlasern. Mit der Realisierung eines Sytems aus 19 kohärent gekoppelten Diodenlasern wurden die Funktion und die technische Realisierbarkeit des verfolgten Konzeptes demonstriert. Anhand der verfolgten Hauptaspekte und daraus folgenden Themenschwerpunkte werden die wichtigsten erzielten Ergebnisse zusammengefaßt.

Kohärente Kopplung

Für die kohärente Kopplung der Diodenlaser wurde der Prozeß des Injection-Locking ausgewählt. Dieser Prozeß zeigt für einen injizierten Leistungsanteil des Master-Lasers in einen Slave-Laser von ca. 1 % eine ausreichende Stabilität. Der experimentell maximal erreichbare Kohärenzgrad zwischen Master-Laser und den 19 Slave-Lasern im System ist im Mittel 0,79. Es konnte experimentell gezeigt werden, daß dieser Wert durch Rückreflexe von nicht optimal polierten Faserenden reduziert wird. Bei einer Unterdrückung dieser Rückreflexe erhöht sich der gemittelte Kohärenzgrad auf 0,83.
Für die Überlagerung im Systemfokus ist die Kohärenz zwischen den Slave-Lasern entscheidend. Hier wurde ein maximaler Kohärenzgrad zwischen zwei Slave-Lasern von 0,9 gemessen.
Die Effizienz des Injection-Locking und damit des Kohärenzgrades der Slave-Laser hängt entscheidend von der Stabilität ihrer Betriebsströme und Temperaturen ab. Für eine Stabilität des Kohärenzgrades auf 10 % des Maximalwertes ergibt sich eine experimentell bestimmte notwendige Temperaturstabilität von besser als ± 10 mK. Diese Stabilität kann passiv nur mit einem sehr hohen technischen Aufwand erreicht werden. Aus diesem Grund wurde eine aktive Kohärenzregelung über einen Computer entwickelt, die die Temperaturänderungen der Diodenlaser über eine Änderung des Betriebsstroms kompensiert. Diese Regelung stabilisiert den Kohärenzgrad der 19 Slave-Laser auf den experimentell erreichbaren Maximalwert mit einem Fehler von ca. 5 %.

Strahlungstransport über Grundmode-Glasfasern

Die Einkopplung der Diodenlaser-Strahlung in die Grundmode-Glasfasern wurde mit einer planaren, teilminiaturisierten Aufbautechnik realisiert. Die für eine Einkopplung notwendige Modenanpassung der Transversalmoden von Diodenlaser und Glasfaser wurde mit zwei asphärischen Linsen erreicht. Die Justage- und Fixieranforderungen an diese Linsen sind bei einer Toleranz für die Einkoppeleffizienz von 20 % kleiner 0,7 μm in Richtung senkrecht zur Strahlachse. Die technische Realisierung der Einkopplung orientiert sich an dieser Toleranz und der daraus folgenden notwendigen mechanischen Stabilität.

Für die Justage der Fokussierlinse, mit der die Faser-Einkopplung jeweils abschlossen wird, wurde ein dynamisches Verfahren eingesetzt, das den notwendigen Zeitaufwand gegenüber einer iterativen Justage deutlich verringert. Zur Fixierung der optischen Komponenten wurde ein UV-härtender Kleber mit geringem Schrumpf eingesetzt.

Die theoretisch maximale Einkoppeleffizienz für den realisierten optischen Aufbau mit zwei Linsen beträgt 0,84. Experimentell bestimmt wurde ein maximaler Wert von 0,61 und ein über alle 19 Kanäle des Systems gemittelter Wert von 0,53. Während der Aushärtung der Linsenklebung reduzierte sich die mittlere Einkoppeleffizienz durch Schrumpf des Klebers und mechanische Drift auf 0,46.

Phasenregelung

Bei dem Transport der Strahlungsenergie mittels Grundmode-Glasfasern kommt es durch mechanische Belastungen der Fasern zu Fluktuationen der Lichtwellenphase am Faserende. Mit einem Experiment, das die Faser einer extremen mechanischen Belastung aussetzte, wurde die technisch relevante maximale Grenzfrequenz dieser Phasenfluktuationen gemessen. Für eine residuale Rauschleistung von 4,4 % beträgt diese Grenzfrequenz unter den simulierten extremen Bedinungen 30 kHz.

Da unter Laborbedingungen derart hochfrequente Phasenfluktuationen nicht auftreten, reichte zur Demonstration des Prinzips der Phasenregelung eine Grenzfrequenz von 2 kHz aus. Mit dieser Regelung konnte eine Stabilität der Phase zwischen zwei Slave-Lasern im Systemfokus bis auf 1,1° erreicht werden. Das Prinzip der Regelung beruht dabei auf einem dynamischen Verfahren, bei dem der Referenzstrahl zeitlich phasenmoduliert ist. Aus der interferometrischen Überlagerung der Referenzstrahlung mit der Strahlung der Slave-Laser ist die Bestimmung der Phasen-Istwerte möglich. Der Vorteil dieser zeitlich dynamischen Methode ist die einfache Realisierung eines Phasenstellbereichs von 2π und die geringen Toleranzanforderungen an die Position der Photodioden bei der Phasendetektion.

Strahlüberlagerung

Für die Überlagerung der Strahlung aus den einzelnen Glasfasern wurden die divergenten Strahlen zunächst mit einem Linsenarray mit hexagonaler Symmetrie kollimiert und dann mit einer gemeinsamen Linse fokussiert. Die positionsgenaue Überlagerung der Einzelfoki im Systemfokus wurde durch eine Justage und Montage der Faserenden relativ zu den Einzellinsen des Linsenarrays erreicht. Die Justagetoleranzen entsprechen dabei denen für die Einkopplung der Diodenlaser-Strahlung in die Grundmode-Glasfasern. Die im System erreichte mittlere Abweichung der Einzelfoki vom Schwerpunkt des Systemfokus beträgt ± 7,7 % des Einzelfokusdurchmessers.

Durch die hexagonale Anordnung der Einzellinsen im Linsenarray ergibt sich eine entsprechend strukturierte kohärente Leistungsdichteverteilung im Fokus des Systems mit einer Leistungsdichteüberhöhung gegenüber der inkohärenten Überlagerung. Diese Überhöhung gegenüber der Leistungsdichte eines einzelnen Lasers ist im Idealfall einer vollkommenen

Kohärenz gleich der Anzahl der gekoppelten Laser. Für das realisierte System wurde eine Überhöhung um den Faktor 13,2 gemessen, dies entspricht 70 % des theoretisch erreichbaren Wertes. Durch den Vergleich der experimentell bestimmten Leistungsdichteverteilung mit Ergebnissen der Modellrechnungen, konnte die Reduzierung auf einen Kohärenzgrad kleiner eins und die Positionsfehler der Einzelfoki relativ zum Schwerpunkt des Systemfokus zurückgeführt werden. Dafür wurden sowohl zwei- wie auch eindimensionale experimenelle und theoretische Leistungsdichteverteilungen miteinander verglichen.

Um die Empfindlichkeit des Systems gegenüber Änderungen von verschiedenen Systemparametern beurteilen zu können, wurde die Stabilität des Ausgangsstrahls mit Hilfe von Modellrechnungen untersucht. Als aussagekräftiges Kriterium wurde dabei die Stabilität der Spitzenleistungsdichte im Strahlzentrum ermittelt. Phasenfehler der Einzellaser haben danach die größte Auswirkung auf den Wert der Spitzenleistungsdichte. Bei dem Ausfall der Phasenregelung für 3 von 19 Kanälen ergeben sich Änderungen der Spitzenleistungsdichte von größer 50 %. Die Abhängigkeit von Leistungsänderungen der Einzellaser und von Positionsfehlern der Einzelfoki im Gesamtfokus sind im Vergleich dazu deutlich geringer. Bei der Reduzierung der Leistung von drei Lasern auf 75 % reduziert sich die Spitzenleistungsdichte um nur 95 %. Es ist daher möglich bei dem Ausfall eines Kanals der Phasenregelung den entsprechenden Diodenlaser abzuschalten, um damit die Fluktuationen der Spitzenleistungsdichte zu unterdrücken.

Durch die kohärente Überlagerung der 19 Diodenlaser wurde mit dem realisierten System eine Spitzenleistungsdichte von $5,8 \cdot 10^4$ W/cm^2 erreicht. Dieser Wert bezieht sich auf eine Numerische Apertur von 0,088. Wird die Fokussierung mit einer NA von 0,25 durchgeführt und zusätzlich eine optimierte beugungsbegrenzte Optik eingesetzt, kann die Spitzenleistungsdichte auf $1,3 \cdot 10^6$ W/cm^2 erhöht werden.

Damit konnte gezeigt werden, daß mit dem erarbeiteten skalierbaren Systemkonzept durch die kohärente Kopplung von Diodenlasern mit jeweils ca. 15 mW optischer Ausgangsleistung Leistungdichten von größer 1 MW/cm^2 erreicht werden können.

6.2 Ausblick

Miniaturisierung

Die Funktion und die technische Realisierbarkeit des verfolgten Konzeptes wurden mit der Demonstration eines Sytems aus 19 kohärent gekoppelten Diodenlasern erfolgreich nachgewiesen. Um das demonstrierte Systemkonzept einer industriellen Realisierung näher zu bringen, ist in erster Linie eine konsequente Miniaturisierung notwendig. Die Miniaturisierung würde nicht nur eine Reduzierung des aufbautechnischen Aufwandes bedeuten, sondern auch einen erheblichen Gewinn an Systemstabilität.

Ansätze dazu bestehen im Zusammenhang mit kantenemittierenden Diodenlasern, in dem Einsatz von integrierter Optik [Gol 95] für die Realisierung des Injection-Locking-Prozesses und der Strahl-Überlagerung. Bei der Verwendung von vertikal emittierenden

Diodenlasern ergibt sich durch eine mögliche Array-Anordnung der Emitter eine Reduzierung der Aufbautechnik und des Justageaufwandes.

Vergleich mit der inkohärenten Überlagerung

Aus dem Vergleich des beschriebenen Konzeptes mit Konzepten zur inkohärenten Überlagerung von Diodenlasern ergibt sich ein deutlich größerer technischer Aufwand. Dieser
resultiert aus der Notwendigkeit eines Prozesses zur kohärenten Kopplung und zur Regelung von Phase und Kohärenz der Einzellaser. Bei der Bewertung dieses Vergleichs
muß jedoch beachtet werden, daß ein in der Leistung skalierbares System unter Erhaltung der System-Strahlqualität ausschließlich über den Weg der kohärenten Kopplung
der Einzelemitter entstehen kann. Um bei der Leistungsaddition von Diodenlasern große
Fokus-Leistungsdichten zu erreichen, ist deshalb deren kohärente Kopplung notwendig.
Neben der Leistungsdichteerhöhung ergibt sich durch die kohärente Kopplung der Diodenlaser die zusätzliche Möglichkeit, die Leistungsdichteverteilung im Fokus des Systems
allein über die Phasen der Einzelemitter zu steuern. Damit bietet sich im Vergleich zu
konventionellen Lasersystemen ein zusätzlicher Freiheitsgrad zur Optimierung des Werk-
zeuges Laser bezüglich einer gegebenen Anwendung.

Skalierung zu höheren Leistungen

Das beschriebene Demonstrationssystem wurde mit Diodenlasern mit einer optischen Ausgangsleistung von maximal 20 bis 30 mW durchgeführt. Derzeit kommerziell von verschiedenen Herstellern verfügbar sind Grundmode-Diodenlaser mit bis zu 300 mW Ausgangsleistung. Bei dem Einsatz solcher Dioden für ein System mit 500 W Ausgangsleistung
wäre bei einer Einkoppeleffizienz von 0,75 der Diodenlaser-Strahlung in die Grundmode-
fasern die Kopplung von ca. 2000 Diodenlasern notwendig. Bei der kohärenten Kopplung
dieser Emitter würde eine Leistungsdichte von ca. 5800 MW/cm^2 erreicht werden. Da
für die üblichen Bearbeitungsaufgaben Leistungsdichten bis zu 100 MW/cm^2 ausreichend
sind, wäre durch die Unterteilung eines solchen Systems in inkohärent gekoppelte Untereinheiten eine Möglichkeit zur Anpassung der Leistungdichte und zur technischen Verein-
fachung gegeben. Die Untereinheiten eines solchen Systems würden dann aus kohärent
gekoppelten Diodenlasern bestehen. Die große Anzahl von 2000 miteinander gekoppelten Diodenlasern macht anschaulich klar, daß die oben erwähnte Miniaturisierung für ein
industriell einsetzbares System unumgänglich ist.

Einsatz von Faserverstärkern

Das beschriebene Systemkonzept ist nicht allein auf die Verwendung von Grundmode-
Diodenlasern beschränkt. Um zu hohen System-Ausgangsleistungen zu kommen, ist auch
die Verwendung von Faserverstärkern denkbar, die die aufgeteilte Strahlung eines einzelnen Master-Lasers verstärken und damit kohärent zueinander emittieren. Bei Faserverstärkern dient der dotierte Grundmodekern als Verstärkungsmedium. Die Pumpstrah-
lung kann dagegen in einem Mantel mit größerem Durchmesser geführt werden, womit
auch der Einsatz von deutlich kostengünstigeren Multimode-Diodenlasern mit großen
Ausgangsleistungen möglich ist. Faserverstärker sind bereits mit einer optischen Aus-

gangsleistung von bis zu 1 W kommerziell verfügbar [SDL 98]. Bei dem Einsatz von 19 solcher Verstärker in dem beschriebenen System, kann mit 19 W Ausgangsleistung eine Leistungsdichte von 224 MW/cm^2 erreicht werden.

Die beschriebenen Möglichkeiten für die kohärente Kopplung von Diodenlasern, auch über den Umweg mit Faserverstärkern, zeigen, welche Potentiale bei deren Einsatz für die Materialbearbeitung bestehen. Die weitere Entwicklung von kostengünstigen Diodenlasern mit hoher Ausgangsleistung und guter Strahlqualität wird dabei auch die Systementwicklung beschleunigen und Diodenlaser-Systemen einen wachsenden Marktanteil sichern.

Literaturverzeichnis

[Abb 88] ABBAS, G.L.; YANG, S.; CHAN, V.W.S.; FUJIMOTO, J.G.: *Injection behavior and modeling of 100 mW broad area diode lasers.* IEEE J. Quantum Electron. $\underline{24}$, 609 (1988)

[Amb 96] AMBROSY, A.; RICHTER, H.; HEHMANN, J.; FERLING, D.: *Silicon motherboards for multichannel optical modules.* IEEE Transactions on Components, Packaging and Manufacturing Technology, Part A, $\underline{19}$, 34 (1996)

[And 89] ANDREWS, J.R.: *Interferometric power amplifiers.* Optics Letters $\underline{14}$, 33 (1989)

[Bec 94] BECKER, M.; GÜNTHER, R.; STASKE, R.; OLSCHEWSKY, R.; GRUHL, H.; RICHTER, H.: *Laser micro-welding and micro-melting for connection of optoelectronic micro-components.* In: Laser in Engineering, Proc. Laser '93, München. Berlin: Springer, 457, (1994)

[Ber 96] BERGER, L.; BRAUCH, U.; GIESEN, A.; HÜGEL, H.; OPOWER, H.; SCHUBERT, M.; WITTIG, K.: *Coherent fiber coupling of laser diodes.* In: Linden, K.J. (Hrsg.): Laser Diodes and Applications II, Proc. SPIE Vol. 2682, 39 (1996)

[Bor 97] BORN, M.; WOLF, E.: *Principles of Optics.* Cambridge: Cambridge University Press (1997)

[Bot 94] BOTEZ, D.; SCIFRES, D.R. (Hrsg.): *Diode Laser Arrays.* Cambridge: Cambridge University Press (1994)

[Buu 85] BUUS, J.: *Mode selectivity in DFB lasers with cleaved facets.* Electron. Lett. $\underline{21}$, 179 (1985)

[Buu 91] BUUS, J.: *Single Frequency Semiconductor Lasers.* Bellingham: SPIE Optical Engineering Press (1991)

[Che 94] CHEN, W.; ROYCHOUDHURI, C.S.; BANAS, C.M.: *Design approaches for laser-diode material-processing systems using fibers and micro-optics.* Optical Engineering $\underline{33}$, 3662 (1994)

[Cho 94] CHOW, W.W.; KOCH, S.W.; SARGENT III, M.: *Semiconductor-Laser Physics.* Berlin: Springer (1994)

[Dan 82] DANDRIDGE, A.; GOLDBERG, L.: *Current-induced frequency modulation in diode lasers.* Electron. Lett. $\underline{18}$, 302 (1982)

[Dan 88] DANKIN, J.; CULSHAW, B.: *Optical Fiber Sensors, Principles and Components*. Boston: Artec House (1988)

[Dav 74] DAVIES, D.E.N.; KINGSLEY, S.: *Method of phase-modulating signals in optical fibers; application to optical-telemetry systems*. Electron. Lett. 10, 21 (1974)

[Ger 93] GERTHSEN, C.; VOGEL, H.: *Physik*. Berlin: Springer (1993)

[Gol 87] GOLDBERG, L.; WELLER, J.F.: *Injection locking and single-mode fiber coupling of a 40-element laser diode array*. Appl. Phys. Lett. 50, 1713 (1987)

[Gol 95] GOLUBOVIC, B; DONNELLY, J.P.; WANG, C.A.; GOODHUE, W.D.; REDIKER, R.H.: *Basic module for an integrated optical phase difference measurement and correction system*. IEEE Photonics Techn. Letters 7, 649 (1995)

[Goo 85] GOODMAN, J.W.: *Statistical Optics*. New York : Wiley-Interscience (1985)

[Har 88] HARRISON, J.; RINES, G.A.; MOULTON, P.F.: *Coherent summation of injection-locked, diode-pumped Nd:YAG ring lasers*. Opt. Lett. 13, 111 (1988)

[Hec 92] HECHT, E.; ZAJAC, A.: *Optics*. Bonn : Addison-Wesley (1992)

[Hel 90] HELMS, J.; PETERMANN, K.: *A simple analytic expression for the stable operating range of laser diodes with optical feedback*. IEEE J. Quantum Electron. 26, 833 (1990)

[Hop 97] HOPPE, J.: *Fixieren von Single-Mode Glasfasern in einen Bearbeitungskopf zur Materialbearbeitung mittels Laserdioden*. Fachhochschule Aalen, Fachbereich Feinwerktechnik, Diplomarbeit (1997)

[Hüg 92] HÜGEL, H.: *Strahlwerkzeug Laser*. Stuttgart: Teubner (1992)

[Hun 95] HUNSPERGER, R.G.: *Integrated Optics: Theory and Technology*. Berlin: Springer Series in Optical Sciences 33, Springer (1995)

[Ina 96] INAGAKI, K.; KARASAWA, Y.: *Ultra-high-speed optical beam steering by optical phased array antenna*. In: G Mecherle (Hrsg.): Free-Space Laser Communication Technologies VIII, Proc. SPIE Vol. 2699, 210 (1996)

[Iso 96] Norm ISO 11146, Entwurf Februar 1996. *Laser und Laseranlagen, Prüfverfahren für Laserstrahlparameter: Strahlabmessungen, Divergenzwinkel und Strahlpropagationsfaktor.*

[Jeu 90] JEUNHOMME, L.: *Single-Mode Fiber Optics: Principles and Applications*. In: Thompson, B.J. (Hrsg.): Optical Engineering. New York: Marcel Dekker (1990)

[Jos 89] JOSTEN, G.; WEBER, H.P.; LUETHY, W.: *Lensless focusing with an array of phase-adjusted optical fibers.* Appl, Optics 28, 5133 (1989)

[Ker 88] KERSEY, A.D.; MARRONE, M.J.; DANDRIDGE, A.: *Observation of input-polarization-induced phase noise in interferometric fiber-optic sensors.* Opt. Lett. 13, 847 (1988)

[Ker 89] KERR, G.A.; HOUGH, J.: *Coherent addition of laser oscillators for use in gravitational wave antennas.* Appl. Phys. B 49, 491 (1989)

[Kob 80] KOBAYASHI, S.; KIMURA, T.: *Coherence of injection phase-locked AlGaAs semiconductor laser.* Electron. Lett. 16, 668 (1980)

[Kob 81] KOBAYASHI, S.; KIMURA, T.: *Injection locking in AlGaAs semiconductor laser.* IEEE J. Quantum Electron. 17, 681 (1981)

[Kou 91] KOUROGI, M.; SHIN, C.H.; OHTSU, M.: *A 134 MHz bandwidth homodyne optical phase-locked loop of semiconductor lasers.* IEEE Photonics Techn. Letters 3, 270 (1991)

[Kov 95] KOVANIS, V.; GAVRIELIDES, A.; SIMPSON, T.B.; LIU, J.M.: *Instabilities and chaos in optically injected semiconductor lasers.* Appl. Phys. Lett. 67, 2780 (1995)

[Kre 91] KREBS, D.; HERRICK, R.; NO, K.; HARTING, W.; SRUEMPH, F.; DRIEMEYER, D.; LEVY, J.: *22 W coherent GaAlAs amplifier array with 400 emitters.* IEEE Photonics Techn. Letters 3, 292 (1991)

[Kuc 96] KUCHLING, H.:*Taschenbuch der Physik.* Leipzig : Fachbuchverlag i. C. Hanser Verlag (1996)

[Lag 81] LAGAKOS, N.; BUCARO, J.A.; JARZYNSKI, J.: *Temperature-induced optical shifts in fibers.* Appl. Optics 20, 2305 (1981)

[Lan 82] LANG, R.: *Injection properties of a semiconductor laser.* IEEE J. Quantum Electron. 18, 976 (1982)

[Lau 93] LAUTERBORN, W.; KURZ, T.; WIESENFELD, M.: *Kohärente Optik.* Berlin: Springer (1993)

[Lee 94] LEEB, W.R.; NEUBERT, W.M.; KUDIELKA K.H.; SCHOLZ, A.L.: *Optical phased array antennas for free space communications.* In: Dewandre, T.M. (Hrsg.): Space Instrumentation and Spacecraft Optics, Proc. SPIE Vol. 2210, 14 (1994)

[Leg 94] LEGER, J.R.: *Microoptical components applied to incoherent and coherent laser arrays.* In: Botez, D.; Scifres, D.R. (Hrsg.): Diode laser arrays. Cambridge: Cambridge University Press (1994)

[Len 85] LENSTRA, D.; VERBEEK, B.H.; DEN BOEF, A.J.: *Coherence collapse in single-mode semiconductor lasers due to optical feedback.* IEEE J. Quantum Electron. 21, 674 (1985)

[Lev 95] LEVY, J.; ROH, K.: *Coherent array of 900 semiconductor laser amplifiers.* In: Linden, K.J. (Hrsg.): Laser Diodes and Applications, Proc. of SPIE vol. 2382 (1995)

[Li 96]   LI, Y.; KATZ, J.: *Nonparaxial analysis of the far-field radiation patterns of double-heterostructure lasers.* Appl. Optics 35, 1442 (1996)

[Loo 95] LOOSEN, P.; TREUSCH, G.; HAAS, C.R.; GARDENIER, U.; WECK, M.; SINNHOFF, V.; KASPEROWSKI, ST.; VOR DEM ESCHE, R.: *High-power diodes-lasers and their direct industrial applications.* In: Linden, K.J.(Hrsg.): Laser Diodes and Applications, Proc. SPIE Vol. 2382, 78 (1995)

[Lur 93] LURIE, M.: *Coherence and its effect on laser arrays.* In: Evans, G.A. (Hrsg.): Surface emitting Semiconductor Lasers and Arrays. Boston: Academic Press (1993)

[Mar 91] MARCUSE, D.: *Theory of Dielectric Optical Waveguides.* Boston: Academic Press (1991)

[Mar 87] MARTINI, G.:*Analysis of single-mode optical fibre piezoceramic phase modulator.* Optical and Quantum Electronics 19, 179 (1987)

[Meh 93] MEHUYS, D.; GOLDBERG, L.; WELCH, D.F.: *5.25-W CW near-diffraction-limited tapered-stripe semiconductor optical amplifier.* IEEE Photonics Techn. Lett. 5, 1179 (1993)

[Nem 94] NEMOTO, S.: *Experimental evaluation of a new expression for the far field of a diode laser beam.* Appl. Optics 33, 6387 (1994)

[Neu 94] NEUBERT, W.M.; KUDIELKA, K.H.; LEEB, W.R.; SCHOLZ, A.L.: *Experimental demonstration of an optical phased array antenna for laser space communications.* Appl. Optics 33, 3820 (1994)

[Nod 86] NODA, J.: *Polarization-maintaining fibers and their applications.* IEEE J. Lightwave Technol. 4, 1071 (1986)

[Obr 97] O'BRIEN, S.; SCHOENFELDER, A.; LANG, R.J.: *5-W CW diffraction-limited InGaAs broad-area flared amplifier at 970 nm.* IEEE Photonics Techn. Lett. 9, 1217 (1997)

[Oht 91] OHTSU, M.: *Highly Coherent Semiconductor Lasers.* Boston: Artech House, Inc. (1991)

[Opo 96] OPOWER, H.; HÜGEL, H; GIESEN, A.: *Phase-controlled, fractal laser system.* US Patent Nr. 55 13 195 (1996)

[Osi 95] OSINSKI, J.S.; MEHUYS, D.; WELCH, D.F.; WAARTS, R.G.; MAJOR JR., J.S.; DZURKO, K.M.; LANG, R.J.: *Phased array of high-power coherent, monolithic flared amplifier master oscillator power amplifiers.* Appl. Phys. Lett., 66, 556 (1995)

[Pap 75] PAPP, A.; HARMS, H.: *Polarization optics of index-gradient optical waveguide fibers.* Appl. Optics 32, 2406 (1975)

[Phi 96] Datenblatt zum Diodenlaser CQL-806/D, Philips (1996)

[PIC 94] Datenblätter 'Piezokeramische Werkstoffe' und 'Piezokeramische Rohre', Ausgabe 08/94 der PI Cermic GmbH, Lederhose, Deutschland (1994)

[Pre 89] PRESS, V.H. (Hrsg.): *Numerical Recipes in Pascal.* Cambridge: Cambridge University Press (1989)

[Rat 97] Ratowsky, R.P.; Yang, L.; Deri, R.J.; Chang, K.W.; Kallman, J.S.; Trott, G.: *Laser diode to single-mode fiber ball lens coupling efficiency: full-wave calculation and measurements.* Appl. Optics 36, 3435 (1997)

[Red 89] REDIKER, R.H.; CORCORAN, C.; PANG, L.Y.; LIEW, S.K.: *Validation of model of external-cavity semiconductor laser and extrapolation from five-element to multielement fiber-coupled high-power laser.* IEEE J. Quantum Electron. 25, 1547 (1989)

[Sch 95] SCHUSTER, G.L.; ANDREWS, J.R.: *Coherent beam combining: optical loss effects on power scaling.* Appl. Optics 34, 6801 (1995)

[Sch 96] Katalog Optisches Glas, Schott Glaswerke Mainz (1996)

[Sch 98] SCHUBERT, M.: *Aufbau und Charakterisierung eines leistungsskalierbaren Systems aus Grundmode-Diodenlasern.* In: Reihe Laser in der Materialbearbeitung, Forschungsberichte des IFSW. Stuttgart: Teubner (1998)

[Shi 86] SHIMODA, K.: *Introduction to Laser Physics.* In: Springer Series in Optical Sciences 44. Berlin: Springer (1986)

[SDL 98] Faserverstärker mit höchster derzeit verfügbarer Leistung: SDL-FA30, Leistung: 1 W, Wellenlänge: 1535 bis 1565 nm, Spectra Diode Labs Inc., USA (1998)

[Sig 86] SIEGMAN, A.E.: Lasers. Oxford: Oxford University Press (1986)

[Sig 93] SIEGMANN, A.E.: Binary phase plates cannot improve laser beam quality. Optics Letters 18, 675 (1993)

[Smi 80] SMITH, A.M.: Birefringence induced by bends and twists in single-mode optical fiber. Appl. Optics 19, 2606 (1980)

[Ste 96] STEUDLE, D.: Untersuchung der Kohärenzeigenschaften von Hochleistungsla- serdioden und der kohärenten Kopplung von Laserdioden. Universität Stuttgart, Institut für Strahlwerkzeuge, Diplomarbeit 96-17 (1996)

[Sto 66] STOVER, H.L.; STEIER, W.H.: Locking of laser oscillators by light injection. Appl. Phys. Lett. 8, 91 (1966)

[Sto 84] STOLEN, R.H.; PLEIBEL, W.; SIMPSON, J.R.: High-birefringence optical fi- bers by preform deformation. IEEE J. Lightwave Technol. 2, 639 (1984)

[Sve 89] SVELTO, O.: Principles of lasers. New York: Plenum Press (1989)

[Swa 87] SWANSON, G.J.; LEGER, J.R.; HOLZ, M.: Aperture filling of phase-locked arrays. Opt. Lett. 12, 245 (1987)

[Sze 81] SZE, S.M.: Physics of Semiconductor Devices, New York: Wiley-Interscience (1981)

[Tem 93] TEMPUS, M.; LÜTHY, W.; WEBER, H.P.: Coherent recombination of laser beams with interferometrical phase control. Appl. Phys. B 56, 79 (1993)

[Tsu 94] TSUCHIDA, H.: Tunable, narrow-linewidth output from an injection-locked high-power AlGaAs laser diode array. Optics Letters 19, 1741 (1994)

[Ulr 79] ULRICH, R.; SIMON, A.: Polarization optics of twisted single-mode fibers. Appl. Optics Lett. 18, 2241 (1979)

[Ulr 80] ULRICH, R.: Bending-induced birefringence in single-mode fibers. Optics Lett. 5, 273 (1980)

[Wag 82] WAGNER, R.E.; TOMLINSON, W.J.: Coupling efficiency of optics in single- mode fiber components. Appl. Optics 21, 2671 (1982)

[Wen 83] WENKE, G.; ZHU, Y.: Comparison of efficiency and feedback characteristics of techniques for coupling semiconductor lasers to single-mode fiber. Appl. Optics 22, 3837 (1983)

[Yar 73] YARIV, A.: *Coupled-mode theory for guided-wave optics.* IEEE J. Quantum Electron. 9, 919 (1973)

[Yar 84] YARIV, A.; YEH, P.: *Optical Waves in Crystals.* New York: Wiley-Interscience (1984)

[Yar 86] YARIV, A.: *Introduction to Optical Electronics.* New York: Holt, Rinehart and Winston (1986)

[Yar 91] YARIV, A.: *Optical Electronics.* New York: Holt, Rinehart and Winston (1991)

[Yos 82] YOSHINO, T.; KUROSAWA, K.; ITOH, K.; OSE, T.: *Fiber-optic Fabry-Perot interferometer and its sensor applications.* IEEE J. Quantum Electron. 18, 1624 (1982)

[You 89] YOUNG, W.C.; SHAH, V.; CURTIS, L.: *Loss and reflectance of standard cylindrical-ferrule single-mode connectors modified by polishing a 10° oblique endface angle.* IEEE Photonics Techn. Letters, 1, 461 (1989)

[You 92] YOUNG, M.: *Optics and Lasers.* Berlin: Springer-Verlag (1992)

[Zha 93] ZHANG, F.; LIT, J.W.Y.: *Temperature and strain sensitivity measurements of high-birefringent polarization-maintaining fibers.* Appl. Optics, 32, 2213 (1993)

Danksagung

Diese Arbeit entstand im Rahmen meiner Tätigkeit im Institut für Technische Physik des Deutschen Zentrums für Luft- und Raumfahrt, DLR und einer Projektzusammenarbeit mit dem Institut für Strahlwerkzeuge der Universität Stuttgart.

Für die Betreuung dieser Arbeit, die Ratschläge bei ihrer Anfertigung und die Übernahme des Hauptberichts möchte ich mich an erster Stelle bei Herrn Prof. Dr. H. Hügel herzlich bedanken.

Herrn Prof. Dr. Tiziani vielen Dank für sein Interesse an dem Thema und für die Erstellung des Mitberichts.

Für die freundliche Aufnahme im Institut für Technische Physik, die gute Zusammenarbeit und die Unterstützung meiner Arbeit möchte ich Herrn Prof. Dr. H. Opower danken.

Bei der Erarbeitung des optischen und elektronischen Konzeptes des Systems hat sich besonders Herr Dr. A. Giesen engagiert und diese Arbeit durch seine fachlichen Ratschläge bis zum Korrekturlesen des Manuskriptes begleitet. Sein Idealismus war sicher eine der Triebfedern, die so manche Machbarkeitsgrenzen näher rücken ließ.

In der täglichen Arbeit sind nicht nur kleine sondern auch große Aufgaben zu lösen. Herr Dr. Uwe Brauch hat durch seine freundschaftliche Zusammenarbeit, seine allgegenwärtige Diskussionsbereitschaft, seine kritischen Fragen und durch deren Beantwortung mitgeholfen, viele dieser Aufgaben zu bewältigen. Mit seinen Anregungen hat er erheblich zu einem guten Gelingen dieser Arbeit beigetragen.

Gemeinsam mit Michael Schubert fiel es mir deutlich leichter nicht nur wissenschaftliche Probleme, sondern auch die vielen technischen, organisatorischen und formalen zu lösen, die gerade eine experimentelle Arbeit in so manchen Phasen bestimmen. In den dreieinhalb Jahren sehr angenehmer und freundschaftlicher Arbeitsatmosphäre hat jeder von uns durch einen gemeinsamen Fortschritt sein Ziele erreicht.

Bei Bernd Lücke und Christoph Fleig möchte ich mich für die Unterstützung bei dem Aufbau von Teilen des Systems und die angenehme 'Labornachbarschaft' bedanken. Ihr Dasein bei der DLR hat der Projektzusammenarbeit mit dem IFSW erst das richtige Leben gegeben.

Jürgen Häußermann und Siegfried Böhm haben nicht nur durch den Aufbau der Phasenregelung, sondern auch durch die vielen kleinen und großen elektronischen Wunder, die das Leben eines Experimentators erst so richtig glücklich machen, eine gewisse 'Laborzufriedenheit' bei mir ausgelöst.

Vielen Dank an Ulrich Nesper und seine Mannschaft in der mechanischen Werkstatt des Instituts für Technische Physik für ihren Einsatz bei so manchen recht zeitkritischen Aufträgen.

Und nicht zuletzt natürlich auch mein Dank an Brid. Sie hat mit bewundernswerter Ausdauer meine frisch geschriebenen Manuskripte begutachtet und dabei so manche Wirrnis geklärt. In einigen Phasen der letzten vier Jahre war es auch ihre Ausdauer, die die meine erst möglich machte.